デジタルカメラで
昆虫観察

海野和男

誠文堂新光社

はじめに

日本にはおよそ3万種類の昆虫が住んでいます。ほとんどの昆虫は1センチメートルぐらいしかなく、大きなものでも10センチメートルほどの大きさですから、目で見ただけでは、なかなか細部まで観察することができません。ですから、体の構造などは、今までは標本を作ってルーペなどでじっくり観察していました。しかし、デジタルカメラの性能が良くなり、高画素のカメラで撮ってモニターで拡大すれば、ルーペで見るよりも詳細な観察ができるようになりました。さらに超拡大撮影の得意なコンパクトデジタルカメラを使えば、顕微鏡で見たような写真を手軽に撮ることができるようになりました。

昆虫は種類が多いですが、それぞれまったく同じ生き方をしていたら、多分こんなに多くの昆虫が共存することはできません。そこで同じところに住むために、ほんの少しだけ生き方を変えてきました。

たとえば、モンシロチョウとスジグロシロチョウはよく似たチョウですが、モンシロチョウは明るいところ、スジグロシロチョウはちょっと暗いところが好きです。生態的な違いもあります。同じアブラナ科植物を好むのに、卵を産む食草はモンシロチョウは丸い葉っぱ、スジグロシロチョウは少し細い葉っぱです。それで、モンシロチョウはキャベツに多く、スジグロシロチョウは野生のアブラナ科植物に多いのです。ナノハナなどは両種とも好みます。そうやって、少しずつ自分たちの生きる場所、生き方を変えて共存してきたのです。

そんな昆虫の生態は人間の文化の変遷にも似ていると思います。2万年ぐらい前の人間は、姿形は今の人間とあまり変わりません。けれど、生活も考え方も現代の人間とはずいぶん異なっていたはずです。現代人は価値観も人によって違いがあります。いろんな価値観があるというのは、人間が発展してきて頭が良くなって、頭の中でいろんなことを考える中で、いろいろな生き方が見えてきたからだと思います。これは昆虫が種分化して多様性を増やしてきた過程とあまり違いがないのではないでしょうか。

人間も自然の中で生きてきた時代というのがあったわけですから、昆虫をよく見るということは、大変有意義なことだと思います。そこから学ぶべきことは、まだまだたくさんあるとぼくは思うのです。とくにエネルギー問題などでは、省エネの極致というのが昆虫でしょう。ミツバチは、ほんのちょっと蜜を吸っただけで、自分の体長の何千倍も何万倍も飛ぶことができるのです。飛んで行ってどこかで花の蜜を吸って戻って来るわけですが、その移動距離は体長の何倍かということから考えると、人間の大きさだったら東京から名古屋あたりまで飛んで行って蜜を集めて戻って来るくらいの距離になるのです。持って来る蜜とそれで使うエネルギーとを考えると、持って来る蜜の方が多くなければいけないので、それは大変なことだと思います。燃費が良くなったとか、効率が良くなったとはいっても、人間が作っている飛行機や自動車は、昆虫とくらべればずいぶん燃費が悪いのではないでしょうか。

この本は、デジタルカメラで写真を撮りながら、昆虫についていろいろなことを、もっとよく知って欲しいという思いで書きました。昆虫の生活を観察すればさまざまなことがわかります。皆さんにもぜひ昆虫をもっとよく観察して、そして撮影してみて欲しいのです。写真を撮りたいという欲求があれば、昆虫をもっと知ることができるのではないかと思います。

目次

デジタルカメラで昆虫を撮る

昆虫とデジタルカメラ

デジタルカメラについて知ろう

写真の撮影と整理

フィールドに出てみよう

四季の昆虫観察と撮影

昆虫をさがす

●コラム

CHAPTER 1

デジタルカメラで昆虫を撮る

昆虫とデジタルカメラ

捕虫網を捨てて
デジタルカメラを持とう

ぼくは生まれつき昆虫が好きだったようです。子供のころから昆虫採集にずっと熱中していました。そして子供たちが昆虫採集をすることは、自然を知るための一つの大きな力になるのではないかと思ってきました。けれど昆虫写真家として長年昆虫と付き合っていると、昆虫は別に捕虫網で捕まえなくても、じっくり見ているだけでも非常におもしろいのではないかと思うようになったのです。

確かに、捕まえて標本を作らなければわからないこともありますし、小さな昆虫ではよく似た種類を同定するには標本が必要な場面も多いので

上／イスカバチがカラスノエンドウに付いたアブラムシを捕らえにやって来ました。左／イスカバチが空中でアブラムシに針を刺している様子です。

す。けれどデジタルカメラの進歩で、標本を作らなくても、撮影した画像からかなり細かい部分までわかるようになりました。そもそも昆虫を捕まえず、その行動を近づいてじっと見ているだけでも、本当におもしろいのです。

かなり前のことですが、庭のクサフジにアブラムシが付いていました。見ていると5ミリメートルほどの小さなハチがやって来てアブラムシを捕らえていきます。イスカバチの仲間のようです。アブラムシを専門に狩り、幼虫の餌にする小さなカリバチです。普通カリバチは獲物を捕らえた瞬間に針を刺して獲物に麻酔をするのですが、このハチはアブラムシを捕まえると、まず飛んですぐ近くの葉にとまります。しかしそのときすでに麻酔されたアブラムシを持っているのです。そこで、スローモーション撮影のできるカメラで撮影したところ、空中で獲物に針を刺していることがわかりました。いつもの昆虫採集の要領で、捕虫網を使って捕まえてしまったらわからないことです。

ただ、見ているだけでは、昆虫の観察はなかなか身に付かないことも事実です。とくに子供たちの場合、成果主義というか、何かそこで残らないと満足感がないものです。そこでデジタルカメラの登場です。昆虫を撮影すれば、その成果が残ります。ぼく自身、デジタルカメラを使う前は、標本もある程度作っていました。しかし、デジタルカメラの初期のころ、昆虫の様子をデジタルカメラで撮ったらきっとおもしろいのではないかと思って、実際に撮影してみることにしました。するといろいろな昆虫の様子がより見えてきて、ますます昆虫の観察がおもしろくなりました。

昔はカメラで昆虫を撮るというのはお金がかかって大変でした。デジタルカメラと違って、写真用フィルムを使って撮影するカメラでは、撮影すればするほどフィルム代と現像代がかかるからです。当時、昆虫を大きく撮るというのはなかなかかむずかしいことで、ちゃんとピントの合った写真を撮ることすらむずかしかったのです。ところがデジタルカメラの進化で、昆虫の撮影は百倍もやさしくなったと思います。昆虫写真は誰でも昔のプロのような写真が撮れる時代になったのです。

　こんな良い時代に、昆虫の写真を撮らないというのはもったいないと思います。昆虫ほどおもしろい生き物というのは、この世の中にぼくはいないと思っています。ぼく自身が昆虫の写真を撮ってきて、そしてデジタルカメラで昆虫の写真を撮るようになってから、昆虫を観察することがますますおもしろくなったのですから。

毎日餌台に来たキマダラモドキ

　小諸にあるぼくのアトリエに通うようになって10年目の2000年7月25日に、庭でキマダラモドキの写真を撮りました。キマダラモドキは準絶滅危惧種で、全国的にも数が少ないチョウです。

庭に設置している古いバナナを置いた餌台に2匹のキマダラモドキが毎日やって来ました。

比較的明るい林に生息していますが、雑木林が放置されて茂りすぎたり、逆に切られてしまったりした結果、減ってしまったのでしょう。長野県の小諸でもアトリエの庭以外ではほとんど見たことがありません。

このチョウはかなり長生きです。アトリエの庭に設置してあった餌台に2か月近く、毎日やって来たのです。しかし9月に台風の影響があって、その後ぱたりと来なくなりました。それでもそんなに長生きするチョウとは思っていなかったので、その長寿にはびっくりしました。

餌台に来るのは決まって朝早くです。7月ごろは朝の7時過ぎごろ、9月3日は、9時少し前に現われました。明るさに敏感なのでしょう。毎日観察していると、翅の傷み方などからどうやら同じチョウであることがわかりました。チョウを採集してしまえば、こんなことはわからないのです。

キマダラモドキは、ぼくにとって思い出の深いチョウです。中学生のときに栃木県の日光で昆虫を採っていたとき、知らないおじさんに「ここは採集禁止だから」と、すべて取り上げられたのがキマダラモドキでした。そして時が流れ、小諸のアトリエにやって来るキマダラモドキを長期観察していて、チョウを採集することに疑問を感じたのもキマダラモドキなのです。

ヤマキチョウとスジボソヤマキチョウ

ヤマキチョウは年1回、8月に発生し、成虫で冬を越す美しいチョウです。春から初夏に越冬した個体が活動し、卵を産みます。絶滅危惧IB類に指定されていて、出会うのもむずかしいチョウです。

しかし日本では、絶滅危惧種に指定されていても、採集は禁止されていません。有名な生息地に行けば、かならず採集者に出会います。それがいやで、ぼくはほとんど知られていない場所を探します。

ただし、採集されないからといって、ヤマキチョウが安全なわけではありません。幼虫はクロツバラという植物を食べますが、これは人間にとって役に立たないと思われている植物なので、ある日、ヤマキチョウの生息地に行ってみると開発で伐採されてしまっていて、生息地そのものが消えてしまっていたなどということもあります。

ヤマキチョウによく似たチョウで、スジボソヤマキチョウというチョウもいます。こちらは今のところ安泰です。ヤマキチョウとスジボソヤマキチョウの見分け方は、誠文堂新光社刊の『フィールドガイド 日本のチョウ』で調べてみてください。夏は見分けがつきにくいこの2種のチョウは、春なら簡単に見分けがつきます。ヤマキチョウは翅がほとんど傷みませんが、スジボソヤマキチョウの翅は色あせてぼろぼろになっています。これは越冬している場所が違うからなのでしょう。

上／ヤマキチョウは越冬しても翅が傷んでいません。左／スジボソヤマキチョウは、越冬後には翅がシミだらけになります。越冬する場所の違いでしょう。

デジタルカメラでの撮影は楽しい

写真って不思議だと思いませんか、今、目の前で起こった一瞬を絵として残せるのですから。

ぼくは50年以上前から昆虫の写真を撮っています。そして、今はすごい時代になったものだと思います。ポケットに入るぐらいの小さなデジタルカメラで、鮮明な昆虫の写真が撮れてしまうのですから。とはいっても、皆さんの中にはデジタルカメラしか知らない方も多いと思いますから、「そんなの当たり前だよ」と言われてしまうかもしれません。

デジタルカメラが普及し出したのは今世紀に入ってからです。ちょっと前までは、昆虫を大写しにするには大きな一眼レフカメラに専用のマクロレンズを付けなければ撮影は不可能に近かったのです。しかもデジタルカメラなら、たくさん撮ってもフィルム代はかかりません。昔は、200枚

開けた明るい場所に住むベニシジミを、生息場所の様子がわかるよう背景を入れて、コンパクトデジタルカメラで撮影しました。

写真を撮れば、フィルム現像代が1万円ぐらいはかかってしまっていたのです。

今は、スマートフォンでもある程度のクオリティーの昆虫写真が撮れますし、接写にとても強いコンパクトデジタルカメラ、レンズ交換をせずに超望遠の写真が撮れるデジタルカメラ、そして写真を撮る楽しみを教えてくれるレンズ交換式のミラーレスカメラやデジタル一眼レフカメラを使えば、すばらしい昆虫写真が撮れる時代になりました。

写真が大好きな同世代の友人で、大きなデジタル一眼レフカメラを使っている人がいます。彼はパソコンが苦手なので、撮った画像はカメラ屋さんに持って行き、DVDなどにデータを焼いてもらって保存しています。でもパソコンが使えないので、そのDVDは、モニターを使って大きくは見られないのです。そこでインデックスプリントを作ってもらい、気に入った画像はプリントしてもらっています。最近ではメモリーカードから直

マルハナバチの仲間は毛むくじゃらでとても可愛らしい。可愛らしさを出すため、コンパクトデジタルカメラで正面から撮影しました。写真はミヤママルハナバチです。

接印刷ができるインジェットプリンターがあるので、それを使ってプリントもしています。

苦手は人それぞれで、ぼくなどはインクジェットプリンターでカードから印刷する方が、操作がむずかしいと思うのです。ぼくの場合は、パソコンで画像を管理していますが、ハードディスクに毎日その日撮影した画像を入れておくフォルダーを作り、撮った画像は撮影日ごとに分けたフォルダーで保存・管理します。そして必要なときに、その中から画像を選びます。プリントが苦手なので、普段はモニターで画像を見ます。写真展を開催する場合などは、プロラボといって、手焼きで綺麗なプリントをしてくれるところに頼みます。

ぼくは、パソコンが苦手な人も、パソコンを使って画像を整理することをおすすめします。写真が好きで、そのためにパソコンを使っていれば、きっと知らないうちにパソコンの操作も上達すること請け合いです。パソコンが使えることでインターネットも抵抗なく使えるようになると思います。インターネットから得られる情報は、本や新聞などの既存のメディアから得られる情報よりも、今は多いかもしれません。強いて言えば、既存のメディアから得られる情報は古いけれども正確さにおいて勝り、インターネット経由ではさまざまな人のさまざまな意見を瞬時に知ることができます。

けれど、インターネットの情報は常に正しいわけではありません。中にはわざと事実と異なった情報を流している場合などもありますから、だれがどんな目的でその情報を流しているかを考えて、情報を利用する癖を付けなければならないと思います。

昆虫は小さい

昆虫の特徴の一つは、とても小さいものが多いことです。トンボやチョウなど大きな昆虫もいますが、多くの昆虫は1センチメートル以下です。

体が小さければ、その生活の場も小さくてすみます。小さな空間を有意義に使うことができるのです。生息場所が小さくてすめば、狭い場所に多くの昆虫が生息できます。

そして、前述のようにほんの少し環境が変わるだけで、別の種類が共存できるのです。それで昆虫の種類はどんどん多くなったのでしょう。

野山に行けばたくさんの昆虫たちに出会えます。けれど、小さな昆虫をシャープに写すことは、と

ノコギリクワガタ

ナミテントウ

アオカナブン

ツノアオカメムシ

原寸大 

拡大すると

7㎜ぐらいのイタヤハマキチョッキリを深度合成で隅々までシャープに撮影しました。

くにフィルムカメラの時代には熟練を要しました。ところがデジタルカメラの進化とともに、今ではずいぶん簡単に、拡大写真が撮れるようになったのです。

小さな昆虫を大きく撮ろうとすると、昆虫の体の一部にしかピントが合いません。このピントの合っている範囲を被写界深度《ひしゃかいしんど》といいますが、小さな被写体は大きく写すほど、ピントの合う範囲が狭く（被写界深度が浅く）なるからです。

けれどもデジタルカメラの性能や写真技法も進化し、深度合成といって、ピントをずらしながら複数の写真を撮り、ピントの合った部分だけを合成して、隅々までピントの合った写真が撮れるようになりました。近年はカメラ自体の機能で、たった0・5秒ぐらいで深度合成をしてくれる機種さえあります。これなら0・5秒間、昆虫がじっとしていてくれたら、隅々までピントの合った昆虫写真が撮れるのです。

デジタルカメラについて知ろう

昆虫観察に向いているデジタルカメラ

デジタルカメラを手に入れようと思ってインターネットで検索したり、カメラ屋さんや家電量販店に行ってみると、ものすごい数のデジタルカメラが商品として並んでいます。値段もさまざまで、1万円ぐらいから、中には50万円を超える高級一眼レフタイプのものまであります。

いったいどのカメラを選んだらよいのか、本当に困ってしまいます。ぼくみたいにデジタルカメラ大好き人間でも、あまりの機種の多さにびっくりします。どんなデジタルカメラを選んだらよいのかと質問を受けることが多いので、いろんなデ

ジタルカメラに触れてみようとは思うのですが、結局は知っている機種を触るだけで帰って来てしまうぐらいです。ここではどんなデジタルカメラが昆虫観察に適しているかという話をします。

デジタルカメラは値段も機能もさまざまですが、まず、何を撮りたいかで、選ぶ機能も異なります。昆虫を撮りたいならば、まずできるだけ被写体が大きく写せるカメラというのが第一条件になります。近づきにくい昆虫を写したいならば、できるだけズーム倍率の高いカメラを選ぶべきです。

昆虫を撮るのに理想的なコンパクトなデジタルカメラは、ズーム付きで、望遠側でも広角側でも1センチメートルか2センチメートルまで被写体に近寄れるものです。ミツバチぐらいの大きさのものが、画面いっぱいに写せるものです。けれど多くのデジタルカメラで、昆虫に近寄って撮影するためにはマクロモードという機能を使う必要があります。同じマクロモードでも広角側で昆虫に寄って近づけるものがありますが、これだとさらに大きくしようとズームすると、ピントが合わな

シロコブゾウムシの交尾を深度合成で撮影。大きく拡大すればルーペで観察する以上に細かい部分がよくわかります。交尾中は動かないので深度合成がうまくいくことが多いようです。

くなります。

　広角側でマクロモードを使えば、昆虫がいる環境や花の咲いている環境を一緒に写し込むことができますから、広角マクロも捨てがたいものです。実は小型のデジタルカメラは、デジタル一眼レフカメラよりピントの合う範囲が格段に広いので、小さなものをある程度大きく写して、なおかつ背景を写し込むのに大変適したカメラです。そういった写真を主に撮りたいならば、レンズの広角側で、できるだけ近づけるカメラという選択肢になります。具体的にはレンズの先端から3センチメートル以内までは近づけるものがよいと思います。

　昆虫写真家という視点では、マクロモードがどれくらい使いやすいかということで、デジタルカメラを選ぶことになります。理想は、マクロモードなどなくても広角側でそのままレンズの先端ぎりぎりまで被写体に寄れ、ズームしても、その位置でピントの合うカメラです。カタログで大写し

デジタルカメラのいろいろ

マイクロフォーサーズカメラのパナソニックLUMIX GH5。とくに動画撮影に向いたミラーレス一眼カメラ。

コンパクトデジタルカメラのオリンパスTG-6　ズーム全域で1cmまで接写できるコンパクトデジタルカメラ。標高などのデータも記録でき、乱暴に扱っても壊れない防水カメラです。

フルサイズデジタル一眼レフカメラのニコンD850。最高レベルの画質ですが、フルサイズカメラはあまり昆虫向きではありません。

高級コンパクトデジタルカメラのパナソニックLUMIX FZ1000M2。 1型センサー搭載。ズームは16倍ですが、4K動画や4Kフォトが撮れます。画質にこだわる人向けのカメラです。

できるように書いてあるカメラでも、いちいちメニューを呼び出してマクロモードを選ばなければならないカメラは、自然観察にはあまり向いていないかもしれません。マクロモードのボタンが押しやすい位置にあり、押せばそのまま近づけるカメラが使いやすいと思います。

写真の画質にも関わる画素数も、カメラによってさまざまです。実際にはどれくらいの画素数があればよいのでしょうか。コンパクトデジタルカメラの場合、あまり画素数が高いと、高感度で撮影したとき画質が悪くなるというデメリットがあります。いずれにせよ、今はどのカメラも1000万画素ぐらいはあります。1000万画素もあれば充分です。

昆虫は小さいので、レンズ交換式カメラの場合、レンズキットに付いている標準ズームだけでは小さな昆虫は大きく撮れません。けれど、機種によっては標準ズームでもチョウぐらいの大きさの

昆虫なら画面いっぱいに写せるものもあります。
予算がない場合は、付いているズームレンズの最大撮影倍率を見ることです。撮影倍率では、フルサイズ（35ミリ）換算という項目を見ます。これで1／3倍以上あるレンズが望ましいのです。最近では別売のズームレンズで0・5倍まで撮れるものもあります。0・5倍というのはだいたい、横幅7センチメートルぐらいの範囲が写ります。

一般に、フルサイズカメラのズームレンズは撮影倍率が低く、次いでAPS-Cサイズ（ニコンならDXフォーマット、キヤノンならKissシリーズ）、最も撮影倍率が高いのがマイクロフォーサーズです。それで、ぼくは最近マイクロフォーサーズカメラに望遠ズームレンズを付けての撮影がほとんどです。一番被写体に寄れるレンズではテレコンバーター（96ページ参照）を付けるとほぼ等倍（3センチメートルぐらいのものが画面いっぱいに撮れる）になるものもあります。

レンズ選びは、撮影倍率と最短撮影距離を参考にします。高倍率ズームでは最短撮影距離は比較的短く、70センチメートルぐらい寄れるものもあります。けれど、このとき実は焦点距離は短くなっていて、同じ300ミリでも3倍ズームや単焦点の300ミリでは、もっと離れた距離から大きく撮れるのです。いずれにしても撮影倍率はフルサイズ換算で1／5倍以上のものを選び、できるだけ倍率が高いレンズを選びます。

もっと被写体に寄った写真を撮りたい場合は、マクロレンズを使います。マクロレンズは通常、撮像素子に等倍の画像が写し出されるレンズです。この場合、APS-Cサイズカメラなら、フルサイズ換算1・5倍、マイクロフォーサーズカメラなら2倍まで寄ることができるのです。マクロレンズは最短撮影距離近くでは、被写界深度が浅くなるといって（18ページ参照）、ピントの合う範囲が極端に狭くなります。ほんの1～2ミリピントが外れただけで、ピンぼけになってしまいます。ですからピント合わせは慎重にする必要があります。絞り（F値）を絞り込むと、ピント（被写界深度）はある程度深くなります。

カメラのフォーマットによる違い

レンズ交換ができるカメラのフォーマットには、フルサイズ、APS-C、マイクロフォーサーズ、1インチなどがあります。これはカメラの撮像素子（イメージセンサー）の大きさを意味しており、その大きさで、カメラを分類しています。撮像素子とは、レンズを通してとらえた被写体の光を画像データに変換する部品で、昔のカメラではフィルムに相当します。他に、もっと大きなサイズの撮像素子を持つ、中判と呼ばれるカメラもあります。

フルサイズとは、フィルム時代の35ミリ判（ライカ判）カメラのサイズの撮像素子を持つカメラです。横36ミリメートル、縦24ミリメートル（メーカーによ

撮像素子の大きさの比較

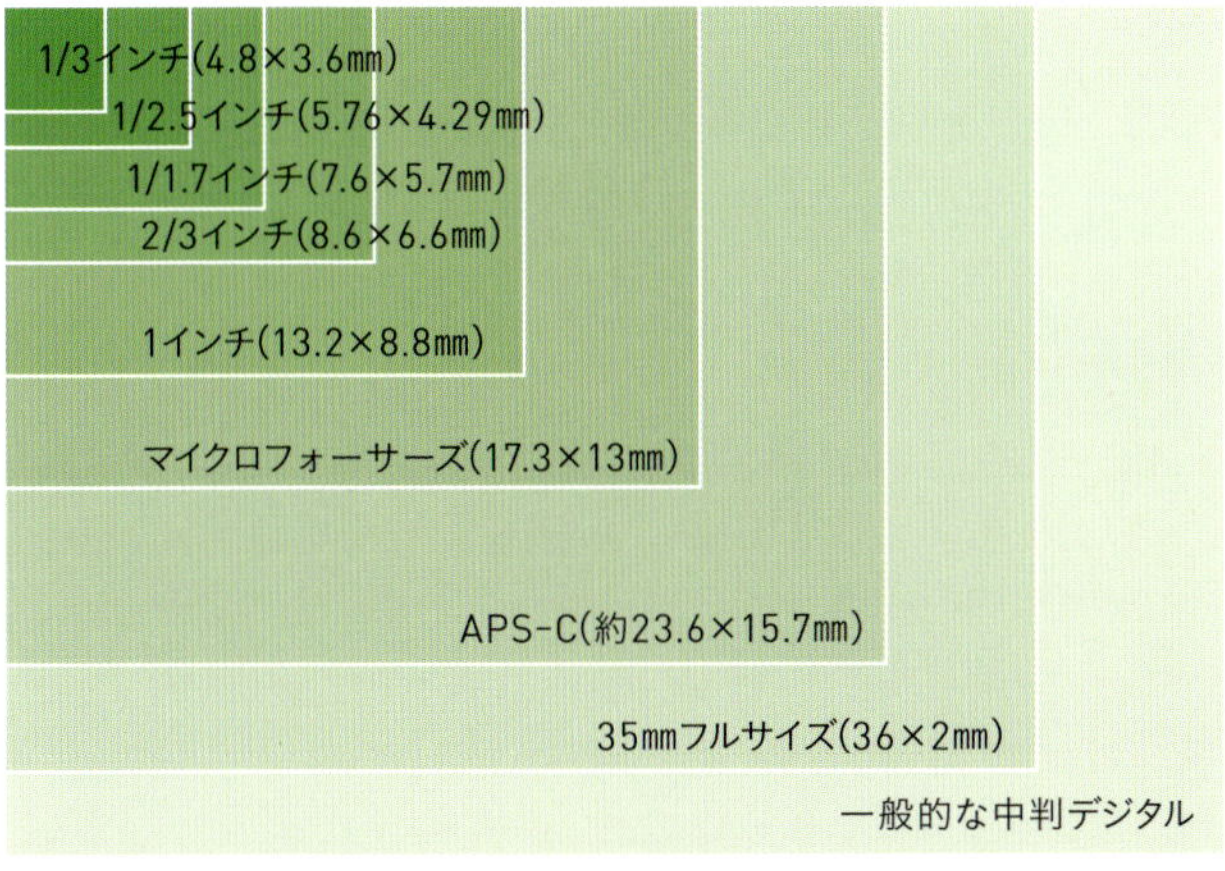

撮像素子にはさまざまな大きさのものがあります。大きな撮像素子のカメラは一般に暗いところに強いですが、小さな撮像素子のカメラはピントが深く、ピントの合いにくい接写では有利な点もあります。

り多少サイズは異なります）の撮像素子が使われています。ＡＰＳ-Ｃサイズのカメラは横23・6ミリメートル、縦15・7ミリメートル、ＡＰＳ-Ｃサイズでキヤノンの場合は横22・2ミリメートル、縦14・8メートルの撮像素子が使われています。

マイクロフォーサーズは横17・3ミリメートル、縦13ミリの撮像素子、1インチは横13・2ミリメートル、縦8・8ミリメートルの撮像素子です。

レンズ交換のできないコンパクトデジタルカメラもさまざまなサイズの撮像素子のものがあります。レンズ交換式に採用されるフルサイズ以下1インチまでのものに加え、さらに小さな2／3インチ、1／1・7インチ、1／2・5インチなどの撮像素子を持つカメラがあります。撮像素子の大きなカメラは一般に大きく、撮像素子の小さなカメラはカメラも小さくなるのが普通です。画質に定評あるスマートフォンのｉＰｈｏｎｅは1／3インチの撮像素子を採用しています。

撮像素子のサイズによって、同じ焦点距離のレンズで同じ位置から撮っても写る大きさは異なります。

一般に、撮像素子が大きくなると画素数が同じなら画質は良くなります。小さい撮像素子のカメラでは画質を上げるために解像度の高いレンズを採用しますが、画角が同じなら、レンズの性能が劣っていても撮像素子が大きい方が画質的には有利です。

ですが、写真は画質だけではありません。昆虫のように小さな被写体を撮るには、大きな撮像素子のカメラだとピントの合う範囲が狭すぎるということも起こります。画面に同じ大きさに昆虫を撮った場合、フルサイズの場合に絞りF8でピントが合うとしたら、APS-CサイズではF5・6、マイクロフォーサーズではF4で同じ被写界深度を得ることができます。1／2・3インチの撮像素子のコンパクトデジタルカメラやスマートフォンではF2程度です。マクロ撮影は、基本的にはコンパクトデジタルカメラやスマートフォンを使った方が失敗が少ないといえます。

また、画素数が多いほど良いかというとそうではありません。画素数が多くなると撮像素子の一つ一つの素子に届く光が少なくなり、画質が落ちるといわれています。そのため、大きな撮像素子を持つカメラの方が画素数が多いものが多いのです。

一般的には背景を美しくぼかした写真を撮るには撮像素子が大きい方が有利で、被写界深度が深い写真を撮るには撮像素子が小さい方が有利です。

26ページの写真はフルサイズカメラの単焦点300ミリ望遠レンズでハレギチョウを写した写真です。そこに同じ位置からAPS-Cサイズのカメラに300ミリ単焦点レンズを付けて写した場合とマイクロフォーサーズに300ミリ単焦点レンズを付けた場合、1インチカメラに300ミリ単焦点レンズを付けた場合の写る範囲を表わしてみました。撮像素子が小さいほど大きく写ることがわかるでしょう。

大きいカメラは良いカメラか？

カメラは大きい方が良いに決まっていると思っている人も多いと思います。確かに最新のフルサイズミラーレスカメラの高感度特性のすばらしさ、画素数の多さは目を見張るものがあります。しかし高価であることや、大きさ、重量などのバランスを考えると、二の足を踏む方も多いと思います。

実は昆虫撮影では、一般的に撮像素子の小さい方が有利です。同じ焦点距離、最短撮影距離も同じというレンズを付けたカメラをくらべてみると、同じ距離からなら、マイクロフォーサーズが一番大きく写り、フルサイズが一番小さく写るのです。APS-Cはその中間といったところです。

たとえばフルサイズ一眼レフカメラのニコンD850に定評あるAF-S NIKKOR 300㎜ f/4E PF ED VRを付けたものと、オリンパスのマイクロフォーサーズカメラのOM-D E-M1にM・ZUIKO

フルサイズ一眼レフカメラとマイクロフォーサーズカメラに、同じ焦点距離の300㎜レンズを付け、1.4mの最短撮影距離からカブトムシを撮影しました。上がフルサイズカメラ、右上がマイクロフォーサーズカメラで撮ったものです。撮像素子の小さいマイクロフォーサーズカメラの方がカブトムシが大きく写ります。

DIGITAL ED 300㎜ F4.0 IS PROを付けたもので、カブトムシの標本を撮ってみました。

　この2本のレンズはいずれも最短撮影距離1・4メートルです。最短撮影距離の1・4メートルから写すと、フルサイズではカブトムシの全身が画面いっぱい収まるくらいに写りますが、マイクロフォーサーズだとカブトムシの上半身だけのアップになります。このことは同じ焦点距離のレンズを使った場合、マイクロフォーサーズの方が大きく写ることを意味します。フルサイズ換算で300ミリが600ミリになるのです。つまり遠くからなるべく大きくチョウなどを写したい場合は、マイクロフォーサーズが有利なことがわかります。フルサイズで撮影したのと同じ大きさに写すならば、倍の2・8メートル離れて撮影できます。これは野外では遠くから写せるので便利です。

　しかしオリンパスの300ミリレンズは結構重くて、三脚座を入れると1475グラムもあります。対してニコンの300ミリレンズは驚異的に軽く、755グラムしかありません。カメラも含めた総重量でもフルサイズの方が軽いという結果になりました。両方とも明るさはF4で、最短撮影距離も1・4メートルです。

　普及型のレンズではどうでしょうか。同じくニコンのフルサイズ一眼レフカメラのD850に28-300ミリを付けたものと、オリンパスのマイクロフォーサーズカメラOM-D E-M1 Mark IIに14-150ミリの普及型ズーム（フルサイズ換算28-300ミリ）を付けたものを、それぞれカブトムシがほぼ画

普及型の28-300㎜レンズをフルサイズカメラに付けたものと、マイクロフォーサーズカメラに14-150㎜（フルサイズ換算28-300㎜）を付けたもので、カブトムシが画面いっぱいの大きさに写る距離を比較。

面いっぱいに同じ大きさに写るようにセットしてみました（29ページ写真）。この位置から、カブトムシはほぼ同じ大きさに写せます。重さはフルサイズのセットが約１８０００グラム、マイクロフォーサーズのセットが８６０グラムです。マイクロフォーサーズの方が圧倒的に小型軽量になります。さらに普及型のE-M10 Mark Ⅲを使ったなら、その差はもっと大きくなります。

マイクロフォーサーズで一番大きなカメラOM-D E-M1Xの40-150㎜F2・8proを付けたセットと、マイクロフォーサーズの中でも小型のOM-D E-M10 Mark Ⅲに付けたセットをくらべてみました。写せる範囲はそれほど変わりませんが、E-M1Xのセットだと１８５０グラム、E-M10 Mark Ⅱのセットだと６９０グラムしかありません。画質や連写速度をとるか、小型軽量をとるかということになります。

マクロレンズの場合、フルサイズよりマイクロ

フルサイズカメラに105㎜マクロレンズ（右上）、マイクロフォーサーズカメラに60㎜マクロレンズ（上）を付けて、タンポポがほぼ同じ大きさに撮れる距離にセットして撮影しました。

フォーサーズが圧倒的に有利です。フルサイズのＤ８５０に１０５ミリマクロ、マイクロフォーサーズのE-M1 Mark Ⅱに60ミリマクロを付けてタンポポを同じ大きさに撮ってみました。撮影距離はそれほど違いません。これはフルサイズ用が１０５ミリ、マイクロフォーサーズ用が60ミリだからです。マイクロフォーサーズの60ミリはフルサイズ換算で１２０ミリですから、１０５ミリマクロとだいたい同じ距離から同じ大きさに写せます。

ところが、最短撮影距離では写る大きさはずいぶん異なります。撮影倍率は両者とも等倍ですが、画面に写る大きさはマイクロフォーサーズでは２倍になります。フルサイズのＤ８５０にAF-S VR Micro-Nikkor 105㎜を付けると約１７５０グラム、OM-D E-M1 Mark ⅡにM・ZUIKO DIGITAL ED 60㎜ F2・８ Macro（フルサイズ換算１２０ミリ）を付けると約７５０グラムです。これで写る大きさは２倍なのですから、マクロファンには嬉しいことです。

マクロレンズの最短撮影距離でタンポポを撮影しました。フルサイズカメラ（上）、マイクロフォーサーズ（右上）です。両方とも等倍まで撮影できますが、画面に写る大きさはマイクロフォーサーズではフルサイズの2倍になります。

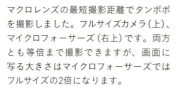

Column 1 昆虫写真家という仕事

ぼくは昆虫写真家です。他の生きものや風景なども撮りますが、主に撮影するのは昆虫です。なぜ昆虫写真家になったかといえば、昆虫が好きで、写真やカメラも好きだったからです。

昆虫写真家は、昆虫の写真を撮ってその写真を雑誌や図鑑、テレビなどいろいろなメディアで使ってもらい、生活のためのお金を得るのが仕事になります。他の写真家と違うのはあまり頼まれ仕事をしないことです。一般に写真家は雑誌などの依頼を受けて、撮影して収入を得るのですが、昆虫写真家は好きこそものの上手でやってきた人が多いので、他の撮影を頼まれても、こなせる人はそれほど多くないでしょう。でも、好きな昆虫だったら任せて、というスペシャリストです。

そうはいっても、ただ好きなだけで写真を撮っていては生活ができません。いつも自分で考えて、こんな写真なら使ってもらえるかなというようなことも考えながら写真を撮ります。しかし相手（昆虫）任せの撮影なので、期限を決められてもなかなか、思ったようにはいきません。長いスパンで考えて写真を撮りためていくのです。ぼくの場合は単行本の仕事が多いので、本を頼まれるとまず自分の持っている写真を点検し、足りない箇所を新たに撮影していきます。

普段どれくらい写真を撮っているかといえば、まだぼくが若かった大昔のフィルム時代は、年間3万枚程度でした。フィルムでは失敗が多く、同じ写真を、露出を変えたりしてたくさん撮るので、1年で撮れるカット数はせいぜい数千カットといったところでした。今はデジタルカメラなので、結果もすぐにわかり、フィルム代もかからない良い時代です。昆虫写真家の生活は昆虫に合わせたものになります。昆虫はいつでもいるわけではないので、時間はとても大切なものになります。撮りたくても、活動する期間が2週間ぐらいという短い昆虫もいます。そうすると、その期間は人付き合いが悪くなったりします。夜に活動する鳴く昆虫などを撮るには夜も撮影します。

ぼくの場合は、若いころはだいたい年間200日から300日は朝から夕方まで撮影していました。今は、海外で100日、日本で100日ぐらい撮影することが多いです。最近は趣味的に写真を撮ることも多く、日本での撮影は、1日数時間とずいぶん短くなりました。けれど、海外に行くと朝から晩まで撮影しています。

カメラを使い分ける

ぼくの場合は、接写に強いコンパクトデジタルカメラ（オリンパスのＴＧシリーズ）をカメラマンベストのポケットに入れ、首には2台のカメラを提げているのが、一般的な撮影のスタイルです。カメラはマイクロフォーサーズ機で、12-100ミリレンズを1台に、もう1台は３００ミリの望遠レンズ、40-150ミリ＋テレコン50-200ミリ＋テレコンなどのレンズから選び、場合によっては、望遠レンズにはフラッシュを付けています。ポケットには魚眼コンバーターを付けた標準ズーム、または魚眼レンズを入れています。また、マクロレンズはカメラバッグの中に入れていて、ときどき使います。海外取材は、ほぼこの組み合わせです。

接写に強いコンパクトデジタルカメラはマクロ撮影専門に使いますが、ＧＰＳが内蔵され、標高などが表示される機種なので、撮影した場所の記録

マレーシアのチョウトンボの仲間をオリンパスのコンパクトデジタルカメラTG-3の望遠側で撮影しました。このカメラは極端な接写ができるので翅のアップも近寄れれば撮影可能です。ただし被写体に2㎝ぐらいまで近寄らなければならないので、実際の撮影はむずかしいでしょう。

にも使います。望遠系に強いデジタルカメラは、離れたところから、チョウやトンボを撮るためのものです。12-100ミリは手ぶれ補正機能が高いので、深度合成写真に使ったり、飛ぶチョウを撮るのに相性が良く、ぼくが撮る半分の写真はこのレンズで撮ります。

普段は使いませんが、フルサイズのデジタル一眼レフ（ニコンD850）も使っています。これは国内での撮影では使うことがありますが、重量の関係で、海外に持っていくことは稀です。

昆虫の観察撮影では撮影対象にもよりますが、ミラーレス一眼か一眼レフにフルサイズ換算で300ミリぐらいのレンズで接写能力の高いものがチョウやトンボの撮影に適しています。高倍率ズームよりは3〜4倍ズームが画質などの点で有利です。テントウムシぐらいの小さな昆虫となると、どうしても良い画質で撮りたいときはマクロレンズを使います。そうでなければ、TGシリー

マダラヤンマがホバリングしているところを望遠レンズで撮影しました。このような撮影は、レンズ交換ができる機種が一番有利で、次いで高倍率コンパクトデジタルカメラです。
オリンパスOM-D E-M1　300㎜ f4.0＋MC14（f5.6）　1/800秒　ISO800　WBオート

ズのような接写のきくコンパクトデジタルカメラで充分でしょう。マクロレンズ使用の場合は、できればフラッシュを併用した方がよいと思います。

高倍率ズーム機能搭載の一体型のデジカメは、1台で何でも撮れるので便利ですが、望遠ではぶれやすいので注意が必要です。ぶれやすいので、望遠はあまり欲張らず、フルサイズ換算1000ミリくらいまでのレンズが付いた機種を選ぶのがよいと思います。

スマートフォンで撮影してみよう

最近のスマートフォンに搭載されたカメラは、とても綺麗に撮れてびっくりします。人物の写真なら、デジタルカメラよりも優秀なぐらいです。ぼくも海外に旅したときにはスマートフォンでネコの写真を撮っています。

ぼくの撮影スタイルは、被写体にぎりぎりまで

アカタテハをiPhone7で撮影しました。

近づいて広角で撮る方法です。ネコならばぎりぎりまで近寄ってもスマートフォンは小さいので、逃げないことが多いのです。

ところが、一眼レフカメラなど大きいカメラに広角レンズを付けて近寄って行くと、ネコはカメラを気にしてしまい、逃げてしまうことが多いのです。ネコを広角レンズで撮影する場合に関しては、大きなカメラで撮るよりもスマートフォンの方が良く撮れると思います。

ところが昆虫となると違ってきます。それはスマートフォンが昆虫をアップにするには接写能力が不充分だからです。

もう一点は、昆虫に近づくと、被写体の昆虫がスマートフォンの陰に隠れてしまいまうからです。多くの機種でスマートフォンのカメラレンズは筐体の真ん中にありません。被写体の昆虫が見えないと、昆虫を画面に入れるのすら、むずかしいこともあります。けれど、趣味が写真という人以外

モンシロチョウをiPhone7で撮影しました。

は、普段持ち歩くカメラといえばスマートフォンでしょう。ぼく自身、昔はいつもコンパクトデジカメを持ち歩いていましたが、最近は都会にいるときなどはカメラでなく、スマートフォンを使うことが多いです。

先ほど、スマートフォンで昆虫を撮るのはむずかしいと書きましたが、実際に使ってみればそのことがわかると思います。けれど大きな昆虫なら、そのかぎりではありません。アカエリトリバネアゲハをスマートフォンで撮ったら左ページのような充分綺麗な写真が撮れました。

スマートフォンはシャッタースピードを選べないので、動いている昆虫はなかなかその動きを止めて撮れません。スマートフォンのように撮像素子がとても小さいカメラの場合、絞りを選べる必要はありませんが、シャッタースピードは選べた方が良いと思います。スマートフォンで飛んでいるチョウが撮れるのは、よく晴れたいわゆる「ピー

ホウジャクが花に来ているところをiPhone7で撮影しました。シャッタースピードが選べないので、翅の動きはとまりません。

アカエトリバネアゲハは大きいので、スマートフォンでよい写真が撮れました。2匹のチョウにピントが合っています。大きなカメラを使うと、こうはいきません。

カン」の日だけです。

スマートフォンで良い写真が撮れたと思った人は、ぜひデジタルカメラを使ってみてください。そしてテレビ画面やパソコンのモニターに映したり、あるいはプリントしてみれば、その差が歴然としていることに気づくでしょう。そして、それにも勝るのが、写真を撮る喜びが、カメラで撮影したのとスマートフォンで撮影したのとでは段違いということです。ぜひカメラで写真を撮る楽しみを体感して欲しいと思います。

スマートフォンで撮影するときの注意

スマートフォンのカメラで撮影するときの注意は、なるべく被写体に近づいて大きく写すようにすることで、画質も良くなります。またスマートフォンのカメラのレンズは元々広角で、周囲を取り込んだ撮影ができます。スマートフォンで被写体を大きく映すためにトリミングするのは、

トラガの仲間の写真をiPhoneで撮影。iPhoneのカメラレンズは端にあるので、地面に近い方にレンズがある向きで撮影すると、下からあおったような迫力のある写真が撮れます。また指がレンズを遮らないような持ち方も大切です。

WEB用などなら構いませんが、プリントをする場合には極端に画質が落ちるので注意しましょう。

また、スマートフォンのレンズは筐体の端にある機種が多いので、アングルや被写体の位置にも注意しましょう。スマートフォンは進化とともにだんだん大型になる傾向がありますが、スマートフォンの影が画面内に落ちないような角度を選ぶことも大切です。コンパクトデジタルカメラもそうですが、被写体の昆虫の真横、または真上から撮影するようにするとよいでしょう。

スマートフォンでの失敗写真は、たいてい近づきすぎが原因です。メーカーは最短撮影距離を発表していませんが、7センチメートルぐらいの機種が多いようです。最新機種では2倍程度の光学ズームが付いた機種もあります。

スマートフォンはかなり暗いところでも良く撮れるのには驚きです。ホワイトバランス(WB)などを細かく設定はできませんが、灯りに飛んできた

3枚の写真はほぼ同じ場所から同一のオオベニモンアゲハを撮影したもの。上の写真が一番良く撮れていることがわかるでしょう。上の写真はスマートフォンのレンズを地面に近い位置にして撮影したもの。右上は、スマートフォンは地面に付けているけれど、スマートフォンの向きを逆にして、レンズを上側にして撮影したもの。右は、チョウの右上の位置からスマートフォンを地面から少し離して撮影したもので、スマートフォンの影が地面に落ちてしまいました。

昆虫を撮影しても、雰囲気良く写すことができます。スマートフォン内で色や明るさを調整したり、中には背景のボケ具合をコントロールできる機種もあります。Facebookやtwitterでしか写真を発表しないという人には、使い勝手がよいでしょう。

けれど、スマートフォン画面で綺麗に見えるからといって、プリントしても同じように綺麗に印刷できるかは、最初の写真がどれだけシャープに写っているかによります。プリントしなくても、大型のテレビやモニターで綺麗に見えるかどうかは確かめた方がよいでしょう。

また、スマートフォンの特徴の一つ、セルフィー機能で、昆虫と一緒に自分を撮るなどというのもたまには楽しいものです。

スマートフォンで動いている昆虫を撮る

スマートフォンのカメラは簡単に写せますが、

右上の写真はiPhone7のほぼ最短撮影距離である7cmで撮ったシジミチョウ。右はiPhone上で拡大したもの。上は右上の写真をパソコン上でトリミングしたものです。後から拡大しても撮影時に拡大したものと基本変わりません。後でプリントしたり、写真コンテストに出そうとする人、また昆虫の名前を同定したい人は、撮影時はなるべくトリミングしない（指で拡大しない）方がよいと思います。

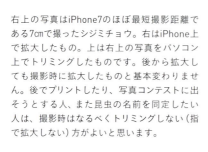

シャッターや絞りは選べないので、カメラまかせの撮影になります。動いている被写体が撮りにくいのはそのためです。左下の写真はタイのチョウがたくさん集まる場所でｉＰｈｏｎｅを使って撮影したものですが、後でデータを見ると１／１００秒でシャッターが切れていました。これだと動いているチョウはぶれてしか写りません。同じｉＰｈｏｎｅで写した左上の写真は１／２５００秒でシャッターが切れていました。スマートフォンで動きの早いものを撮れるのは、天気が良い日に限定されます。ぶれてしまうときはあきらめて動画を撮影するのがよいと思います。左下の写真の場所で動画を撮れば、かなり見応えのある動画になるはずです。

　昆虫観察でのスマートフォンの使用は、昆虫観察に適したスマートフォンが発売されるまで、あくま

アオスジアゲハの飛翔を撮影し、トリミングしました。シャッタースピードは1/2500秒。動きの速いチョウだと1/2500秒以上でないとぶれてしまいます。

クロアナバチがヒメクサキリを運んできました。最短撮影距離付近での撮影。シャッタースピードは1/2500秒になっていました。

スマートフォンはシャッタースピードを選べないので、日が当たっている明るい場所では、飛んでいるチョウもある程度撮れますが、日陰で飛んでいるチョウを撮るとこのようにぶれてしまいます。スマートフォンで動いている昆虫を撮るのは、日向に限られます。

でカメラを持っていないときに良い被写体に出会ったときの記録用と割り切った方がよいでしょう。

近接能力の高いコンパクトデジタルカメラ

コンパクトデジタルカメラは、最近スマートフォンに押されて、使う人が少なくなってきました。けれども、コンパクトデジタルカメラの中にはすばらしい接写能力を持つ機種もあります。1センチメートルぐらいの昆虫を画面いっぱいにシャープに撮るには、大きなデジタル一眼レフカメラより、近接能力の高いコンパクトデジタルカメラの方がずっと有利です。

ぼく自身、デジタル一眼レフカメラにマクロレンズという組み合わせをほとんど使わなくなりました。広角でも望遠でも1センチメートルまで寄れるコンパクトデジタルカメラで撮った方が、簡単で被写界深度の深い写真が撮れるからです。けれど、写真を撮る喜びとなると、ミラーレス一眼や

タイでオオクジャクアゲハというめずらしいチョウが、翅を開いて吸水していました。ひととおり撮影した後、接写に強いコンパクトデジタルカメラのTG-4で極限まで近づき、翅のアップを撮影しました。鱗粉まで見える見事な写真が撮れました。

一眼レフカメラにはかないませんが、記録的に写真を撮るには大変優れているので、撮影に出かけるときは、いつもポケットにコンパクトデジタルカメラを入れています。

コンパクトデジタルカメラにはデジタルズームという機能があるものも多いのですが、ぼくは使いません。デジタルズームというのは画面の一部を切り取って拡大する方法です。

この方法はスマートフォンも同じですが、画質が悪くなるのです。あとからトリミングしても同じことなので、デジタルズームは基本的に使わない方が賢明です。

なお、コンパクトデジタルカメラだと、つい気軽に撮ってしまう傾向がありますが、カメラをちゃんとホールドしないとピントが合わなかったり、ぶれたりすることも多いのです。ぞんざいに扱わず、ピントが合うのをきちんと確認してからシャッターを押しましょう。

マレーシアで吸水していたベニシロチョウを正面から撮影しました。数cmの距離まで近づかなければなりませんが、吸水中のチョウは逃げにくいので撮影できました。

高倍率ズーム搭載のデジタルカメラ

最近は高倍率のズームレンズを搭載したレンズ一体型のカメラも多く発売されています。小型で4倍ズームぐらいの機種と同じ大きさで10倍以上のズーム機能が付いた機種もあります。ただし望遠になるほどぶれやすく、背面液晶を見ながらの撮影ではぶれてしまうことも多いので、注意が必要です。

そこで最近人気なのが、一眼レフカメラのような形をしていて、15～60倍ぐらいのズーム機能を持つ機種です。

中にはフルサイズ換算3000ミリなどという恐ろしいカメラもあります。ただし望遠になればなるほどぶれやすいので、こうした機種には通常、ファインダーが付いています。

望遠ではファインダーをのぞいて撮るのが、ぶれ写真を量産しないコツです。そうはいっても

3万円台の高倍率デジタルカメラ

パナソニック LUMIX DC-TZ90　小型ながら広角24㎜～望遠720㎜の光学30倍ズーム搭載。この大きさでこの性能はすごい。大型の昆虫を撮るにはよいと思います。昆虫を撮るには、AFマクロ ズームというモードを使うのがよいでしょう。

パナソニックLUMIX DC-FZ85　価格が安く、広角側最短撮影距離1㎝。35㎜判のフルサイズ機で20㎜～1200㎜相当になる。

5～6万円の高倍率デジタルカメラ

キヤノンPowerShot SX70 HS　広角21㎜～望遠1365㎜対応の光学65倍ズームレンズを搭載しながらも重量約610g。小型の一眼レフぐらいの大きさと重さ。広角側マクロモードで最短撮影距離0㎝から撮影が可能。昆虫には幅広く使えると思います。

１０００ミリや３０００ミリ相当などとなると、シャッター速度が遅いと確実にぶれてしまいます。シャッター速度を速くするにはＩＳＯ感度（54ページ参照）を上げなければならず（ＩＳＯオートでは勝手に感度が上がる）、画質がかなり低下するのは覚悟しなければなりません。けれど、こうしたカメラで三脚を使って、あまり動かない被写体を低いＩＳＯ感度で撮れば、一眼レフカメラに１００万円以上のレンズを付けて撮ったものとさほど変わらないような写真も撮れるのです。

10万円以上の高倍率デジタルカメラ

ニコン COOLPIX P1000　光学125倍。フルサイズ換算3000㎜というカメラ。大きさも1.5kg弱とフルサイズ一眼レフに標準ズームより重く大きい。超望遠では、まず三脚が必要だと思います。被写体を画面に入れるだけでも大変など、昆虫撮影向きではありません。一眼レフカメラで超望遠レンズを使った経験のある人向きのカメラ。

ソニー RX10 Ⅳ　フルサイズ換算24㎜〜600㎜。高速度動画が撮れるのが特徴のカメラ。ソニーRX100M6。大きな昆虫の動画を撮るのに適したカメラ。

パナソニックLUMIX DMC-FZH1　1インチセンサー搭載の20倍ズームカメラ。AFマクロモードで3㎝（広角側）/1.0m（望遠側）-∞。LUMIXのミラーレス一眼カメラに近いスペックのカメラ。13万円ぐらいと高価。

Column ❷ 昆虫観察の服装

地面に肘をつけば、カメラが安定します。こういうシーンは多いので、汚れても気にならない服装がベストです。

昆虫観察の服装としては、長袖・長ズボンを必須としますが、動きやすいものなら何でもよいでしょう。半袖や短パンですと、蚊や毒虫に刺されたり、天候によっては日焼けがひどかったりしますので、できれば避けましょう。

また、ダニの多い北海道などでは、長ズボンの上にさらにオーバーズボンをはいたり、ヒルの多いところではヒルよけスパッツを着けるようにしましょう。

ぼくの場合、帽子をかぶらないことも多いのですが、紫外線の強い季節には帽子をかぶることをおすすめします。帽子は撮影の邪魔にならない、つばの柔らかなものがよいでしょう。また、カメラにフラッシュなどを付けていると、つばの大きな野球帽タイプの帽子は、つばがフラッシュに引っかかりファインダーをの

水のあるところでは長靴を用意しておきましょう（上）。右はヒルよけスパッツとバンダナをした筆者。熱帯では定番の撮影スタイル。熱帯のジャングルはもちろん、日本でもヒルの多い場所ではヒルよけスパッツが必要な場合があります。

靴

基本的にはあまり重くないトレッキングシューズやウォーキングシューズなどがよいでしょう。少し値段が張りますが、ゴアテックスなどの素材を使った防水機能に優れた靴が便利です。水たまりがなくても、朝露に濡れた草むらを歩けば防水性の低い靴だと靴下までびしょびしょになってしまいます。また、雨の多い季節や水辺の昆虫観察には長靴が便利です。昔、ぼくは常時長靴を履いていましたが、蒸れるしかさばるので、今は車の中に入れておき、必要に応じて履くことにしています。撮影旅行に持って行く長靴として、「日本野鳥の会」で販売している長靴をおすすめします。機能、携帯性ともに優れていて、雨期の熱帯雨林などの撮影で使うことが多いです。

雨具

遠くまで歩いて行って観察するときは雨具をザックに入れておいた方がよいでしょう。ぼくの場合、体が濡れてしまうのはかまいませんが、機材が濡れてしまうと困ります。最近は濡れても大丈夫な防水性の高いカメラを使っていますので、雨具としては、軽いレインウェアーを持って行きます。なお、ぼくは、かならずカメラマンベストを着用しています。そして、ポケットには、コンパクトデジタルカメラを入れています。海外取材では、もう一つのポケットにはパスポート入れを入れています。自分が持ち歩きたいものが入る大きさのポケットがあるものを選ぶようにしましょう。釣具屋や登山用品店にあるものでもかまいませんが、夏の季節や熱帯で着用することが多いので、ぼくは全面メッシュのカメラマンベストを使っています。

ぞけません。そんな場合は、前後を逆向きにかぶることにしています。

写真の撮影と整理

上手に撮るための最初の一歩

写真がうまくなるには、まず初歩的な失敗に陥らないようにすること。そして、撮影術の基礎を理解して、とにかくたくさん撮ってみることです。そうすれば、写真がどんどん楽しくなります。

楽しくなるほどうまくなるし、その場で見せたり、プリントしたり、メールに添付したり、コミュニケーションの輪もどんどん広げられるのです。うまくなって、デジタルカメラの良さを最大限に活かしましょう

撮影のときに失敗しないために

メモリーカードはかならず予備を用意しましょう。メモリーカードには主にSDカードとCF（コ

SDカードの種類

右はSDHC規格で、4KビデオやスローモーションビデオなどにはSDXC対応していません。真ん中がSDXC Ⅰ規格のカード。現在最も一般的で最高512GBまでありますが、一般には64GB程度でよいでしょう。左はSDXC Ⅱ タイプのカードで、64GBと128GBがあります。SDXC Ⅰ 規格のカードよりずいぶん高価なので、RAWでの連写をメインに撮る人向きです。（2019年7月現在　書き込み読み出しともに最も高速）

ンパクトフラッシュ）カードがあります。どれが使えるかはデジカメの機種によって違いますが、今はSDカードスロットのあるカメラがほとんどです。

メモリーカードの容量は8GBぐらいから250GBぐらいまで、さまざまな容量のものが市販されています。容量は何枚ぐらい撮影したいかによって選ぶといいと思います（何枚撮影できるかはカメラの画素数や画像保存形式によって異なります。撮影途中で枚数が不足することも考慮して、容量の小さいカードを使う場合、かならず予備を携帯しましょう。ぼくの場合、1日で32GBくらい撮ることがあるので、64GBと128GBのカードを主に使っています）。メモリーカードは同じ容量でもずいぶんいろいろあって、値段もさまざまです。どれを選んでよいかわからなくなることもあるでしょう。メモリーカードは書き込み速度がある程度速くないと、連写を多用する人などは途中で止まってしまうので、目的に合わせて選びます。SDカードには「SD」「SDHC」「SDXC」などと書かれています。今はたいていのカードがSDXCです。SDHC（単にカードにHCと書いてある場合が多い）カードは一昔前の規格です。現在でも使っている人もいると思いますが、最新のカメラでビデオ機能を使おうとしたら、このカードは使えませんなどとメッセージが出ることがあります。

一般の撮影にはSDXCⅠで充分ですが、最近はSDXCⅡ（UHSⅡ）というカードが出てきました。圧倒的に速いのですが、価格もずいぶん高いのと、このカードの性能を発揮できるカメラは各社の最高機種に近いカメラだけのようです。買入の際は、自分のカメラのSDカードスロットがSDXCⅡ対応かどうかを調べましょう。

ぼくの場合、メモリーカードの中の撮影した画像データをパソコンのハードディスクにコピーして保存した後、メモリーカードはカメラで初期化して再利用します。メモリーカードに写真を入れっぱなしで、いざ撮影しようと思ったら、容量が足りなかったという人は結構います。とくに古い8GBや16GBなど容量の少ないカードを使っている人は注意しましょう。

バッテリーもかならず予備を携帯

ほとんどのデジタルカメラには専用バッテリーと充電器が同梱されています。ミラーレス一眼など液晶モニターを多用するカメラほど、バッテリーの消耗は早いので、かならず予備のバッテリーは携帯しましょう。カメラ購入時に、予備も含めて2組のバッテリーは準備したいものです。撮影中にスイッチを入れっぱなしにしていて、知らないうちにバッテリーが消耗していたなんてこともあります。撮影の前日には2個ともフル充電をしておきましょう。

画質モードはJPEG／低圧縮で

デジタルカメラでは画質モードが1枚1枚変えられるのも特徴です。画質モードとは画像保存形式を指し、RAW、TIFF、JPEGなどの形式があります。RAW、TIFFはカメラによっては付いていない場合もありますが、画像を圧縮せずにそのまま記録保存する形式のことです。よほどのクオリティーを求めない限りJPEG形式で充分だと思います。

メーカーによって、JPEGの品質の呼び方は異なりますが、JPEGの一番良い画質（JPEG／低圧縮）に設定し、画像サイズも一番大きいサイズを選びましょう。カメラの初期設定はたいていJPEGのノーマルになっていますので、変更しておきましょう（昔、メモリーカードが高価だったときの名残なのでしょうか）。

絞り、シャッタースピード、ISO感度

写真の露出を決める要素として、絞りとシャッタースピード、ISO感度があります。この3つの組み合わせ次第で、写真の明るさ、ピントの合う範囲、昆虫の動いている様子などが変わります。

絞りはレンズを通る光の量を調整するしくみで、レンズを通る光の量をFと数字の組み合わせで、F1.4、F2.8、F4などと表します。数値が小さいほど、レンズを通過する光の量が多く、数値が大きいほど通過する量が少なくなります。F値は光の量を調節するとともに、絞りを絞ることでピントの合う範囲（被写界深度）が変わってきます。絞りを絞る（F値を大きくする）被写界深度が広くなり、被写体の昆虫の前後の広い範囲でピントが合って見えるようになります。

シャッタースピードはカメラの撮像素子に光が当たる時間で、1秒、1/250秒、1/1000秒のように時間で表わします。シャッタースピー

フランス領ギアナで撮影したオオサマボウバッタ。手持ちで撮影し、カメラ内で深度合成処理をしました。
オリンパスOM-D E-M1 MarkⅡ 12-100mm f/4.0（f5.6） 1/400秒 ISO200 WBオート

ドが速いほど、動きの速い昆虫をとめて写すことができます。

ＩＳＯ感度とは撮影素子が光を受けて感応する度合いのことです。カメラにはＩＳＯオート、２００、４００、８００、１６００などさまざまな設定があります。ＩＳＯを高く設定するほど、光に敏感に反応します。暗くて写りにくい場面でも、通常と同じような絞りやシャッタースピードで撮影できます。しかし、ＩＳＯを上げると画像が荒れるということも理解しておきましょう。

ＩＳＯ２００と４００では、絞りとシャッタースピードは1段分、２００と８００では2段分違います。適正露出がＩＳＯ２００で「F５・６、１／30秒」の場合、ＩＳＯ８００では「F５・６、１／１２５秒」になります。つまり、ＩＳＯ２００では手ぶれしてしまいますが、ＩＳＯ８００ならぶれが防止できることになります。

ＩＳＯは２００ぐらいが現在のデジタルカメラ

ヒメキマダラヒカゲの交尾を絞りを変えて撮影しました。レンズの開放地F値に近いF4では背景が大きくボケ、ヒメキマダラヒカゲが浮かび上がるように写っています。一方F8で撮った写真は、背景の草木がわかり、生息環境の様子がわかります。

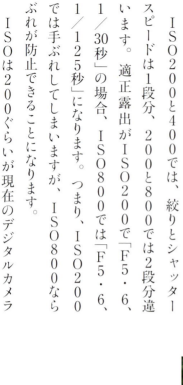

では最も画質が良いのですが、暗くなるほど感度が必要になるため、ISOをオートに設定しておくと、暗いところではカメラが勝手に感度を800、1600などに上げてくれます。感度は上げすぎるとノイズが出やすくなり、画面がざらついたようになってしまいます。

ISO感度オート設定はどのくらいにしたらよいかはカメラによって異なります。ISO感度設定には、基本ISO感度が選べる機種もあります。その場合は基本ISO感度を200にして、ISOオート上限を設定します。

一般にはマイクロフォーサーズカメラやAPS-Cサイズカメラでは3200、フルサイズカメラでは6400に設定しておくのがよいと思います。また、飛んでいるチョウを写すときなどはシャッター速度を1／2000以上に設定する必要があるので、ISO感度は必然的に高くなります。

屋外撮影のときのWBはデイライトで

屋外で、昆虫を見た目どおりの色で撮りたい人には、WB（ホワイトバランス）は、オートでなく、デイライトがおすすめです。WBとは撮影した環境で受けた光の色を調整して、正しい色に補正する機能です。WBがオートだと夕景などが赤くなりにくいのです。しかし、朝の雰囲気や夕景を意図的に撮影する場合以外、また室内の場合には白熱灯や蛍光灯などさまざまな明かりがミックスしているので、設定をオートにした方が失敗が少ないと思います。非常に厳密に撮りたい場合はプリセットといって、白い紙を撮って、撮影した写真が白い紙に写るように調整してWBを決める方法もあります。

ピンぼけを防ぐには

デジタルカメラから写真を始めたばかりの人に

とくに多い失敗は、ピンぼけと手ぶれです。失敗をなくしてうまく撮るためには、まず、これらを克服することから始めましょう。昆虫撮影においてピンぼけの多くの原因は、被写体への近づきすぎです。

P（プログラム）モードやシーン別撮影モードで撮影している場合、とくにAF（オートフォーカス）だとピントはどこでもかならず合うと思いがちですが、カメラにはそれぞれ最短撮影距離というものがあります。コンパクトデジタルカメラではマクロモードでもカメラによっては1センチメートルまで近づけたり、望遠では1メートル以下ではピントが合わない機種もあるのです。自分のデジタルカメラや使っているレンズの最短撮影距離をかならず覚えておきましょう。近づけるカメラでも、被写体の色によってはピントが合いにくいこともあります。そうした場合、すぐ横にコントラストの強いものがあれば、そこにピントを合わせ、シャッター半押しのままカメラをずらして、ピントを確認しながらシャッターを押します。

撮影後、液晶モニターで画像を確認してみることも重要です。モニター上で拡大して、ピントが合っているかを確認しましょう。

ぶれ防止は構え方とシャッタースピード

最新のカメラの手ぶれ防止は革新的な技術です。カメラによっては特定のレンズとの組み合わせで、7段分以上の効果をうたっているものもあります。7段といえば、たとえば1／250秒でぶれないとすると、1／2秒でも手ぶれしないということを意味します。一般的にかなり優秀な手ぶれ補正機構で、3段から4段ぐらいの補正効果と考えてよいと思います。3段だと1／250秒は1／30秒になります。これでもかなりすごいですね。

ぶれには撮影者の手ぶれによるものと、被写体の動きよりもシャッタースピードが遅いことによって起こる被写体ぶれがあります。また風によって被写体がぶれることも多いです。

特別優秀なカメラを使っていなければ、小さいものの撮影では、フォーカスした際、ファインダー内に出るシャッタースピードが１／１２５秒以上になっているか常にチェックします。昆虫撮影では１／１２５秒以下になったらぶれると考えた方がいいかもしれません。望遠ズームを使うときは１／２５０秒以上がよいと思います。最新のカメラやレンズの手ぶれ補正能力を使っても風の影響は避けられません。シャッター速度は速めにした方がよいでしょう。

三脚がなくてもカメラを木に押しつけたり、地面に置いたり、肘をついたり、木に寄りかかるなど体の一部を固定するとぶれを防止できます。

1/4000秒で撮影したビブリスハレギチョウの飛翔。トリミングしてぶれを確かめましたが、ほぼ完全にとまっています。中型のチョウでは1/4000秒で完全にとまります。

1/250秒で撮影したチョウの飛翔。やや小さめに撮り、半分ぐらいトリミング。このフレーミングで撮ったら1/500秒でもこれぐらいぶれます。

1/3200秒で撮影したヒメシロオナガタイマイ。アゲハチョウの仲間は1/3200秒のシャッタースピードでだいたいとまります。

動いている被写体の被写体ぶれを防ぐには、たとえば飛ぶチョウでは、最低１／２０００秒のシャッタースピードが必要で、歩き回っている昆虫も最低１／１０００秒でシャッターを切った方がよいと思います。

　また昆虫をアップにするほどぶれやすく、画面いっぱいに撮る場合や被写体が小さい昆虫の場合はさらに速いシャッター速度で撮影します。チョウの場合、たとえばアサギマダラは１／２０００秒でほぼ完全にとまりますが、シジミチョウやセセリチョウは１／４０００秒は必要です。ぼくの基本は１／３２００秒です。それでぶれたと思ったら、もう一段速いシャッター速度を使います。

ぶれにくい構え方とカメラの影

　最新のカメラは手ぶれ補正がとてもよく効くようになりましたが、それでもぞんざいにカメラを構えれば、ぶれてしまうこともあります。ここで

できるだけぶれを防ぐには両肘を締め、体に肘を付けます。肘を開いているとシャッタースピードが1/125秒以下の場合はぶれてしまうこともあります。

標準ズームや広角レンズを使用するときは背面の液晶を見て構図などを決めるのが使いやすいが、望遠レンズを使ったときはかならずファインダーをのぞきましょう。ファインダーをのぞいて肘を体に付けることで、望遠レンズでもぶれない写真が撮れます。

はぶれを防ぐための構え方の基本を覚えることにしましょう。この姿勢が自然にできるようになれば、ぶれた写真の枚数は確実に減ります。

ぼくが愛用しているオリンパスのコンパクトデジタルカメラのTGシリーズは、ズーム全域で被写体に1センチメートルまで近づくことができますが、地面にとまっているチョウを広角で撮ると、カメラの影が被写体にかかってしまうことがよくあります。その場合は少しカメラを後ろに動かし、ズームして、カメラの影が被写体や地面に入らない位置から撮ります。

またフラッシュディフューザーFD-1というオプションも便利です。内蔵フラッシュの光を拡散するもので、ぼくはいつも付けっぱなしにしています。マクロ撮影では基本常時使用します。カメラの影が気になる場合は、わざと全体が影になるアングルを選び、FD-1を使用すれば、影のない明るい写真が撮れます。

マクロレンズでの撮影はとてもぶれやすいもの。拡大すればするほどぶれやすくなります。ぼくはマクロレンズでの撮影は、極力、シャッター速度を1/250秒以上にします。肘を地面についてカメラを固定すれば、もっと遅いシャッター速度でも、ぶれのない写真が撮れます。

望遠レンズでの撮影では、しゃがんで肘を膝に付けることで、ぶれを防ぐことができます。

Column ❸ マクロフラッシュ

左上はオリンパスのマクロフラッシュ STF-8。60㎜マクロレンズと併用します。マクロフラッシュとしては大変コンパクトです。右はニコンR1 クローズアップスピードライト。85㎜や105㎜マイクロレンズと併用。内蔵フラッシュのある機種ではわずらわしいコードが不要と優れています。キヤノンの場合は、左下のマクロツインライトMT−24EXは100㎜マクロレンズと併用します。

ハチの行動など、昆虫の生態を克明に記録したいときにはマクロフラッシュを使います。マクロフラッシュとは、マクロレンズと併用して撮影するフラッシュのシステムです。

ぼくは最近、マクロ撮影のほとんどをコンパクトデジタルカメラで撮影していますが、やはりマクロレンズにマクロフラッシュで撮影した写真を見ると、シャープさがまったく違います。

観察記録用の写真のクオリティーとしては、オリンパスのTGシリーズなどのコンパクトデジタルカメラで充分ですが、写真展などで発表する作品を作ろうとした場合には、マクロレンズにマクロフラッシュを使って撮影した方が良い写真が撮れます。

マクロフラッシュは、基本2灯のフ

ツムギアリをマクロフラッシュを使って撮影しました。

ラッシュで構成されています。高感度が使えなかったフィルムの時代や、デジタルカメラが高感度で撮影すると画質が悪かった時代には、マクロフラッシュは昆虫撮影の必須アイテムでした。チョウやトンボを除く昆虫写真では、マクロフラッシュなしでの撮影はまったく考えられませんでした。

最近はマクロフラッシュを使わず、自然光でも高感度で撮影してもかなりのレベルの写真が撮れるようになりましたが、動き回るアリの撮影となると、いまだにマクロフラッシュのシステムは必須です。発光部はコードでつながっているものも1灯を外して使えるなど、ライティングの自由度があります。マクロフラッシュはオリンパス、キヤノン、ニコンなどのメーカーから発売されています。

昆虫撮影の基本

撮影の基本はアングルと光です。加えて、写真のうまさもアングルと光によって決まるといってもいいでしょう。人と違う魅力的な写真を撮るコツにもつながることです。けれど、昆虫撮影では写真をうまく撮ることよりも、確実に種類や生態を記録することに重きを置きましょう。うまく撮ろうと考えていたら被写体がどこかに行ってしまったなんてことも多いのです。

画面のどこかにポイントがあるように、あるいは画面の中にメリハリを付けることが大事です。もし、画面の中に目立つものが含まれているのであれば、それがちゃんと目立つようにアングルを決めることです。たとえば広角で撮る場合、手前に大きなチョウがいれば画面に奥行きが出ます。一般的には、日の丸構図は良くないといって、主役を中心から外す構図などが推奨されています

アオスソビキアゲハの吸水を、地面にカメラを置いて、チョウの目線から撮影しました。
オリンパスOM-D E-M1 MarkⅡ　14-42mm　f3.5-5.6＋魚眼コンバーター（f7.1）　1/1600秒ISO400
WBオート

が、それを真似る必要はありません。独自の視点を持つことです。

いつも同じ高さから撮るのではなく、しゃがんだり、高いところに登ったり、カメラ位置を工夫することも大切です。虫がいる高さから撮れば、「虫の目」目線になります。どうしても上の方から撮りがちですが、虫の目目線を意識してみましょう。最近は液晶が可動式のものが多くなり、虫の目目線の写真も撮りやすくなりました。

いくら撮ってもお金がかからないデジタルカメラですから、「いいなあ」と思ったら、とにかくシャッターを押すことが大切です。そして画像を見返して、もし失敗していたら、どうして失敗したのか考えることです。それをどんどん繰り返していけば上達します。最初はP（プログラム）モードやカメラおまかせモードで撮っていてもいいですが、撮りながら失敗しながら、絞りとシャッタースピードの感覚を覚えていけるので、できれば最

タイのアゴラニスカザリシロチョウの吸水。地面にカメラを置き、望遠側で撮影しました。地面が濡れていますが、防塵防滴構造のカメラなので躊躇なくカメラを地面に置くことができます。
オリンパスOM-D E-M1 MarkⅡ　12-100㎜ f4.0（f5.6）　1/250秒　ISO400　WBオート

初から絞り優先モードやシャッタースピード優先モードで撮り、さまざまな違いを即座に結果を見ながら学んでいくのがよいと思います。

露出補正という機能がカメラには付いています。逆光ではプラスに、背景が暗いときはマイナスに補正するのがよいでしょう。

写真の撮影形式と整理

「RAWで撮った方がよいのですか？」と聞かれることがあります。今は、JPEGだけで撮っても充分に綺麗な写真が撮れます。けれど、ぼくは基本RAWとJPEG両方で撮ります。実際にはRAWを使うことは稀です。普段、WEBに上げる写真はもちろんJPEGですし、写真展の写真などもJPEGの画像から選ぶことも多いです。

RAWデータのよいところは色温度を後から変えることができることです。色温度とは光の色で、たとえば夜の月に照らされた夜景を青っぽく撮りたいと思ったら色温度を電球マーク（タングステン）にすればよいのです（66ページ参照）。それを後からできるのがRAWです。ですが、同じメーカーのカメラでも、時代によって色が異なることも多いので、新しいカメラの色に慣れて、古い写真を見ると、もっとこんな色だったらと思うことがあります。そうしたときに色の調整ができるのもRAWのメリットです（左ページ参照）。

最近は、あまりにも撮影枚数が多いので、撮ったその日に簡単にすべてを見て、残したいと思う画像にレーティングといって☆印を付けます。これはカメラの中でもできる機種が多いのですが、カメラを持っているときはできるだけたくさん写真を撮りたいので、レーティングまではしません。それでもかならず画像の確認はします。失敗していたら、すぐに撮り直すためです。

撮影した画像はすべて日付を付けたフォルダー

の中に入っていて、いらない画像データを捨てることはほとんどありません。ときどき画像をさがしながら見ていると、前に良いと思った画像より、隣の画像の方が良かったなどということも多いのです。画像を捨てないので、画像を保存するハードディスクはどんどん増えます。何しろ最近

上は2001年に撮影したアサギマダラの羽化。ニコンD1という270万画素ぐらいの一眼レフカメラで撮ったもの。D1の色はNTSCで今のカメラとは色空間が異なります。当時ニコンはNTSCの方が色域が広いと考えたようですが墨っぽい色になります。下はニコンNX2でスタンダードに現像したものです。当時はメモリーカードが高価で、あまりRAWで撮っていなかったのがくやまれます。この写真は幸いRAWで撮っていました。

満月を背景にノコギリクワガタを写しました。このような夜の撮影は色温度を変えることで、まったく異なった雰囲気になります。RAWで撮影しておくと、あとで色温度の変換もできます。

は画素数が多くなったので、1年に4TBぐらいのハードディスクが一つ増えていきます。

デジタルカメラで撮影を始めたころ、ハードディスクは500GBぐらいのものが一番大きいものでした。その後ハードディスクがだんだん安くなり、10年ほど前にすべてのハードディスクを1TBにしたのですが、それでも1台4万円ぐらいしました。10年前のハードディスクで今でも現役のものもありますが、あまりにも数が増えるので、最近は6TBか8TBの容量のハードディスクを使っています。それでも10年前の1TBのハードディスクよりずっと安いのですから、デジタルカメラや周辺機器の進歩は早いものです。

ハードディスクは写真の保存に便利ですが壊れることもあります。とくに長年使っていなかったハードディスクが認識しないなんてこともあります。ですから、ぼくはバックアップ用として同じ画像データの入ったハードディスクをもう1台持っているので、ハードディスクがどんどん増えていきます。

ハードディスクの寿命がどれくらいかは使用頻度や環境で異なると思います。ずいぶん昔にハードディスクが1台完全に壊れたことがあります。それは購入して、1年ぐらいでしたから、運が悪かったのでしょう。それ以来バックアップをとることにしたのです。ハードディスクが壊れる前兆の一つに、読み出しが急に遅くなったり、カタカタと変な音がしたりすることがあります。そうしたときは早めにデータを別のディスクに移すのがよいでしょう。ぼくの場合、同じものが2台あるので、調子が悪くなったハードディスクから更新していきます。基本、10年ぐらい経ったら壊れると考えた方がよいでしょう。DVDやブルーレイディスクに焼けば安全と思っている人も多いと思いますが、ぼくの経験ではむしろハードディスクより耐久性がないように思います。

最近はSSDという保存装置が出てきました。カメラのSDカードなどと同じようにメモリに保存する装置です。これは一度使うと、その優れた性能にびっくりしてしまいます。何しろ、ハードディスクの5倍ぐらい書き込みも読み出しも速いのです。おまけに落としても、可動部分がないので、壊れることは少ないのです。問題は価格です。1TBあたりの価格が2019年現在で1・5～4万円ぐらいもします（これでもずいぶん安くなってきました。将来はハードディスクなみの値段になればよいのですが）。大きさも、大きいものでポータブルハードディスクぐらいです。だから全部ＳＳＤにすれば、机まわりもすっきりし、作業時間もずいぶん短縮されます。ぼくは海外取材ではＳＳＤを持っていって、毎日ＳＳＤに写真を保存します。20ＧＢも撮ると、ハードディスクではとても時間がかかり、夕食がとれなかったりしたものです。保存だけで何十分もかかったのが、今ではほんの10分ほどですむのです。そうそう、パソコンとハードディスクをつなぐのに、一昔前はＵＳＢ１でしたが、今の規格はＵＳＢ３になり、スピードは飛躍的に速くなりました。もしまだＵＳＢ３に対応しないパソコンやハードディスクを使っていたら効率を考えると買い換えるべきでしょう。パソコンも新しくてハードディスクもＵＳＢ３なのに、古いケーブルを使っている人はいないでしょ

大きな銀色の箱の箱は10年以上前の当時ほぼ最速の1TBハードディスク。ついに動かなくなってしまいました。最大転送速度は88MB/s。重さは5kg。確か13万円以上しました。小さな黒いカードのようなものは最新のサンディスクのSSDで2TBのSSD。この大きさで昔の超大型HDの倍の容量です。しかも防塵防滴、ショックにも強い。重さは約41g。価格は5万円程度。記憶容量あたりではだいたい1/3〜1/4の値段です。書き込み読み出しも超高速。読み出し速度は最大550MB/s。機械的に動く部分がないから耐久性も比較にならない。時代は変わったと思います。

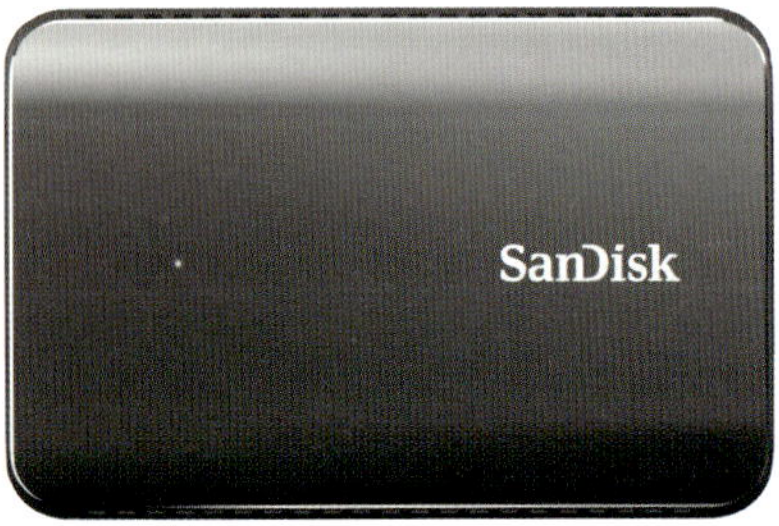

サンディスクのポータブルSSD。480GB、960GB、1.9TBがあります。ポータブルハードディスクと同じサイズ。上で紹介したSSDより大きいですが、小さすぎるとなくしそうで、主にこちらのモデルを使っています。書き込み速度も小型のものより高速です。

うか？　機械が新しくてもケーブルが古いだけでずいぶん損をしてしまいます。

写真を加工したときは別名で保存する

メールやHP用、あるいはプリント用に解像度を変更したものを保存する場合には別名で保存しましょう。元画像に上書きしてしまったら、画像が小さくなってしまいます。実はぼくもときどきうっかり保存ボタンを押してしまい、本当は10MBぐらいあるデータが100KBになってしまったなんていうことがあるのです。そんなことがないよう、撮影した元の画像データはそのまま保存しておきましょう。元の画像データには撮影の日時や絞りやシャッタースピード、露出などの撮影データも含まれています。あとで確認するときに役立ちますし、デジカメの腕を早く上げたいなら、こういう撮影データを見ながら画像をチェックするに限ります。

写真と動画

写真は一瞬の出来事を記録します。動画は連続する時間を映像として記録してくれます。昔は、写真と動画はかなり違うものだったのですが、デジタル時代になって、最近は連続する写真が動画だと考えてもよい時代になりました。4Kといって、画素数が800万画素以上もある動画も一般のデジタルカメラで撮れるようになりました。4K30pとか4K60pという言葉があります。60pとは1秒間に60枚の写真を連続してとっているのと同じで、30pは30枚の写真を撮っていることを意味します。動画の一部を切り出して写真にすることもできるすごい時代になりました。それでも写真を撮るときは一瞬に賭けてシャッターを押しますし、動画ではある一定時間に起こる昆虫の行動を記録したりするので、シャッターを押すタイミングは異なります。またシャッタースピードは動画でも大切で、あまり速いシャッターで撮ると、ぎくしゃくした映像になります。一般的にはコマ数の倍ぐらいのシャッタースピードを使います。30pなら1／60秒、60pなら1／120秒です。一方、動画から写真を切り出そうとするなら、ぶれないように速いシャッタースピードを使わなければなりません。飛んでいる昆虫なら最低でも1／2000秒は切らなければなりません。つまり撮り方が違ってくるので、すべて動画から切り出せばよいというのは正しいことではないと思います。パナソニックのLUMIXのカメラには写真で4Kフォトというのがあって、これは1～2秒の短い時間ですが、秒30コマで動画を撮るように写真を撮り、気に入った写真を残すモードです。これだと、動画ということは意識しないので、シャッタースピードや絞りは写真を撮るときの感覚で使えます。

またカメラによってはスローモーション動画が

4K24pで撮影したビデオから切り出した写真です。このときはチョウがとまるように1/2000秒以上のシャッタースピードにしました。動画はコマ落ちしたような絵になりましたが、写真はシャープです。

撮れる機種もあります。スマートフォンにも秒２４０コマで撮れるモードがある機種もあります。画質的にまずまずなのは、ＬＵＭＩＸシリーズの一部の機種で、ＦＨＤで秒１８０コマ撮れる機種があります。ソニーのコンパクトデジタルカメラのＲＸ１０シリーズは秒９６０コマまで撮れます。ＦＨＤで出力してくれますが、もう少し荒く撮って、出力をＦＨＤにしているので、秒２４０コマまではＯＫですが、４８０コマ、９６０コマでは画質が悪くなります。ぼくはもう20年以上スローモーション動画を撮っていますが、５年ほど前までは非常に高価（最低でも２００万円以上）で、かつ重く、扱いのむずかしいカメラでしか撮れなかったスローモーションがスマートフォンやデジタルカメラで撮れるようになったことはすばらしく、重宝しています。あと何年かすれば、きっともっと画質良くスローモーション動画が撮れるようになることを楽しみにしています。

FHDで撮影したキシタアゲハの飛翔から写真を切り出したもの。FHDはおよそ200万画素。キシタアゲハの翅は構造色で、羽ばたきの途中で緑色になったので、そのシーンを切り出しました。

Column 4 動画の撮り方

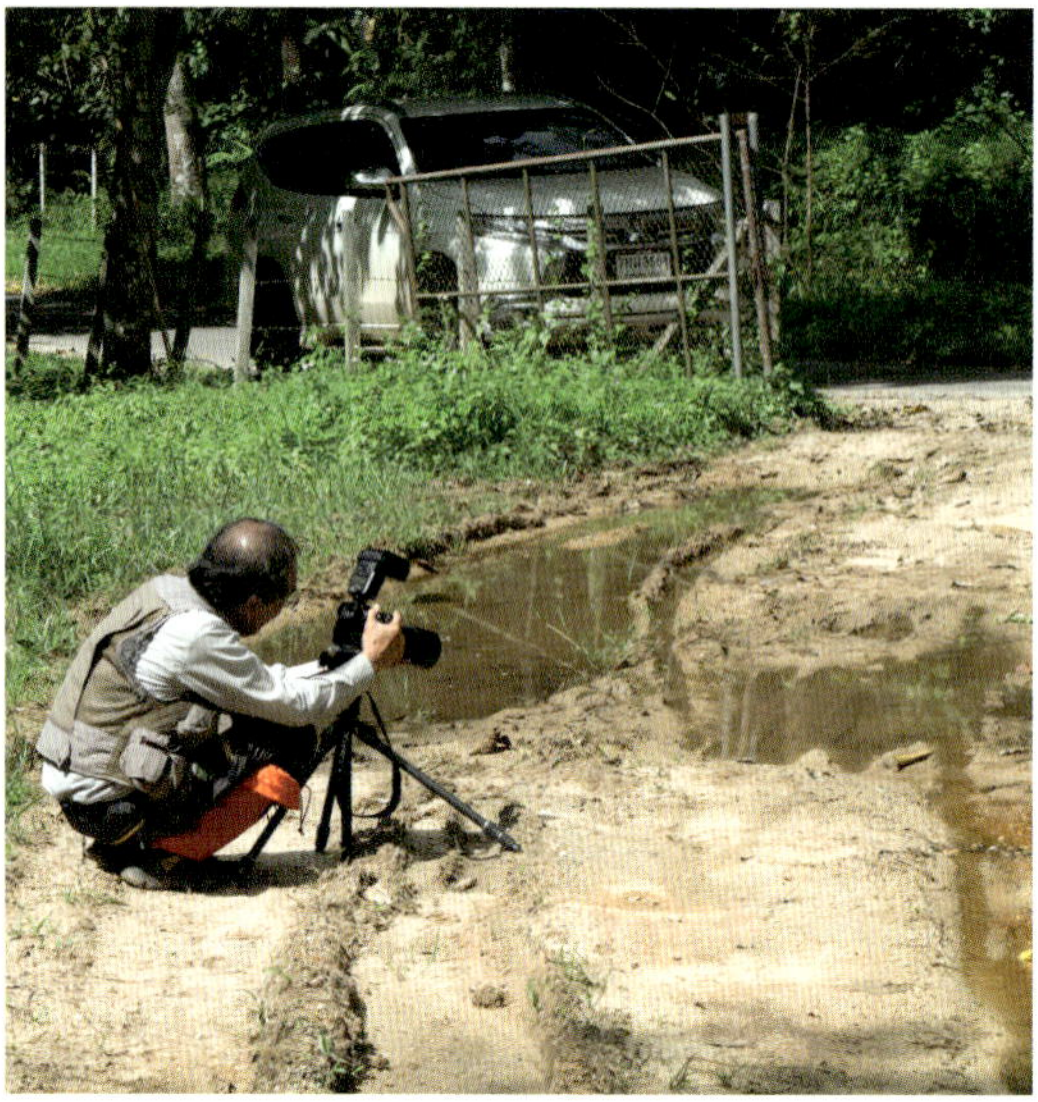

アオスソビキアゲハを三脚で撮影中の筆者。写真も撮れるようにフラッシュも装着しています。(©YukiTsutsumi)

上/アカエリトリバネアゲハを180fpsのスローから静止画に書き出したものです。下/三脚がない場合、石の上にカメラを置くなど、カメラがぶれないように注意します。

最近のデジカメは4K動画といって、約800万画素の動画が撮れる機種もめずらしくありません。800万画素といえば、動画から切り出した写真も大伸ばしに充分耐えるサイズです。

また、パナソニックのLUMIX GH5やG9はフレームレートが180fps(1秒間の動画に必要な静止画のコマ数)での撮影がフルハイビジョンで撮影が可能です。180fpsで撮れば速い動きも細部がよくわかるスローモーション動画になります。ここから写真を切り出すと200万画素程度にしかなりませんが、それでもモニターでなら充分鑑賞に堪えるサイズです。

動画を撮影する場合には、基本カメラ三脚を使用します。雲台もパンができるビデオ用の雲台を使うのが綺麗な動画を

右／アオスソビキアゲハがおしっこをする場面を4K60p動画で撮り、静止画に書き出したものです。上／アオスソビキアゲハが吸水場所で飛びまわっている180fpsのスローから静止画に書き出したものです。

撮るコツです。三脚がない場合は石の上などにカメラを固定するのも一つの方法です。

　スローモーション動画の撮影ではLUMIX GH5で撮影した場合、フレームレートは180fpsで、やはり三脚を使うべきですが、時間を引き延ばすので、手持ちでもある程度は撮ることができます。

　ソニーのRX10やRX100シリーズのスローモーションは480fpsや960fpsが撮れます。一応FHDで書き出せるのですが、実際にはそれより小さいサイズをブローアップしているので画質は今ひとつです。300fps以上なら三脚を使わないで、カメラを動かして撮ると臨場感のある動画が撮れます。

Column 5 カメラバッグ

その年に使った機材の集合写真を撮ったもの。機材の内容は毎年少しずつ変わりますが、だいたいこれくらいの種類カメラやレンズを使います。

カメラバックやザックにはパソコンが入れられるものもあり、海外取材のときもパソコンは持っていくので便利と思い、かつて導入したこともありました。けれども、かなり大きく重くなるので今は使用していません。

ぼくは、さまざまなカメラを使っていますので、現役のカメラだけでもフルサイズが2台。マイクロフォーサーズが4台。コンパクトデジタルカメラが4台。フラッシュも数台、三脚は少なくとも5本は使用しています。

国内で、小諸のアトリエから近い場所に撮影に行くときには、撮影目的に合わせて機材をいろいろ持っていくので、カメラバッグも3つぐらいになります。

海外などの長期ロケでは、最近はできるだけコンパクトになるよう心がけています。小型のカメラザックに、オリンパスOM-D E-M1 MarkⅡに12-100ミリレンズを付けたもの、コンパクトデジタルカメラを1台、魚眼レンズ、標準ズームに魚眼コンバーターを付けっぱなしにしたレンズ、動画撮影用にパナソニック

タイへ撮影取材に行ったときのカメラバッグです。ずいぶん長く使っているtamrakの小型のデイパックです。今は廃盤になっていると思いますが、サイドにメッシュのポケットがあり、ペットボトルを入れるのに便利です。この取材ではオリンパスOM-D E-M1 MarkⅡ とE-M1Xを持って行きました。E-M1Xと300㎜望遠レンズは、このバッグには入らないので、首から提げています。40-150㎜のズームレンズにテレコンとE-M1 MarkⅡのセットならば、カメラボディ2台を含め、すべてがバッグに収まります。

LUMIX GH 5に標準ズーム付きのもの、300ミリF4または40-150+テレコンにテレコンのセット、フラッシュ2台。このうちコンパクトデジタルカメラとフラッシュ1台はカメラマンベストのポケットに入れています。他にジッツオの小型の三脚1本と、マンフロットのミニ三脚を持って行きます。

三脚以外はカメラバッグに収納が可能です。基本、E-M1 MarkⅡに12-100ミリ。標準ズームに魚眼コンバーター、望遠系のズームとフラッシュ、近接撮影に強いオリンパスのTGシリーズのコンパクトデジタルカメラがあれば、撮りたい写真のほぼ95パーセントはカバーできます。

フィールドに出てみよう

チョウのいる場所と季節

チョウの写真を撮るには、まずどこへ行けばチョウに会えるかを知ることです。チョウは都会の真ん中から高山までさまざまな場所に住んでいます。都会にいるチョウは都会の環境に順応したチョウで、種類はそれほど多くありません。それでも環境の良い公園などでは30種ぐらいのチョウに出会うことができます。標高が2000メートル以上の高山では、高山にしか住めないチョウが見られます。もうすこし下で発生しているチョウも上がってきますが、それでも種類はそんなに多くはありません。けれど、高山蝶と呼ばれる高

ミャンマーで撮影したコモンタイマイの飛翔。飛び回るチョウを置きピン(被写体が来そうなところにピントを合わせておき、来たらシャッターを押すこと)で追い、撮影しました。
オリンパスOM-D E-M1 MarkⅡ　12-100㎜ f4.0(f4.5)　1/3200秒　ISO1000　WBオート

山のみに住むチョウに会うには、高山に行かなければなりません。一番チョウの種類が多いのは、標高が数百メートルから1200メートルぐらいの場所です。真夏の暑い季節は1800メートルぐらいまでこの範囲は広がります。

まずは身近な場所、通学や通勤の途中、散歩の途中でチョウをさがしてみましょう。一度見つけると自然に目に入ってくるようになり、意外に身近なところにもチョウが数多く生息していることがわかるでしょう。チョウは種類によって好む生息環境が異なります。明るい草地を好むものや河原に棲むもの、林の中に棲むものもいます。一般には暗い林の中にはあまりチョウは少なく、疎林のような環境、草地と林がまばらにある環境、雑木林の林縁など、高原の花の多い草原で多くの種類のチョウに出会うことができます。

チョウは関東地方では、12月から2月は成虫や卵、幼虫、蛹で越冬しています。暖かな日には冬

高原のマルバダケブキで吸蜜するアサギマダラを、生息地の雰囲気を出すため標準ズームに魚眼コンバーターを付けて撮影しました。 オリンパスOM-D E-M1 MarkⅡ　14-42mm f3.5-5.6＋魚眼コンバーター（f4.0）1/100秒　ISO200　WBオート

でも成虫で越冬していたチョウが飛び出して来ることもあります。蛹や幼虫で冬を越したチョウでは、モンキチョウやモンシロチョウが3月から活動を始めます。

けれど多くの種類のチョウが見られるのは4月から11月です。とくに5月から9月は多くの種類のチョウが見られます。チョウの種類によっては春限定で現われるものもいます。たとえばギフチョウは3月末から4月中旬限定です。

夏限定のチョウもいます。撮影したいチョウが活動する時期を知ることは大切です。春だけに出るギフチョウやツマキチョウなどを撮影するには、4月に撮影に行かねばならなりません。国蝶のオオムラサキやゼフィルスと呼ばれる美しいシジミチョウの仲間は6月から7月です。

たくさんの種類を手軽に撮りたい場合は、夏の信州の高原は最も適していると思います。ぼくのフィールドは長野県小諸市ですが、小諸周辺の高峰高原や湯の丸高原では7月から8月にかけてたくさんの種類の蝶に会うことができます。8月の高原にはたくさんのアサギマダラがヒヨドリバナに集まります。

チョウにはそれぞれ好きな花があります。チョウが好きな花を知ることで、写真が撮りやすくなります。季節ごとの花を紹介しましょう。

春のギフチョウならスミレ、カタクリ、チョウジザクラ、ミツバツツジなどが好みです。モンシロチョウやツマキチョウなら、幼虫の食草にもなるムラサキハナナやナノハナです。タンポポやハルジオンもチョウがやって来る花です。チューリップなど、チョウが来ない花もあります。

5月に咲くツツジの仲間には、アゲハチョウの仲間が多く集まります。5月末から梅雨明けまでの季節にチョウが多く来る花は、ムシトリナデシコ、オカトラノオ、フランスギク、アザミ類、ツクバネウツギなどさまざまな花があります。主に白、

チョウがよく来る花

ヒャクニチソウ（ナミアゲハ）

チョウセンヨメナ（キチョウ）

オカトラノオ（ミヤマカラスアゲハ）

ヒガンバナ（キアゲハ）

ナノハナ（モンシロチョウ）

アザミ（ナミアゲハ）

ウツギ（アオスジアゲハ）

ブッドレア（アカタテハ）

黄色、紫の花が蝶に好まれます。

　夏はヤマユリやクルマユリ、クサギ、アザミ類、ネムノキなどにアゲハの仲間がやって来ます。フジウツギ(ブッドレア)、園芸種ですがヒャクニチソウ、チョウセンヨメナ、サンジャクバーベナ、オレガノもチョウが好む花です。

　9月はニラ、フジバカマ、ヨメナ、アザミにさまざまなチョウが来ます。ヒガンバナもアゲハの好きな花です。オオムラサキなど、花には見向きもせず、クヌギやヤナギの樹液や動物の糞などに来るチョウもいることも知っておきましょう。

チョウを撮ってみよう

　チョウを見つけても飛んでばかりで、花にとまってもすぐに移動してしまうなど、チョウの撮影はむずかしいと思っている人も多いと思います。

　まずはチョウに近づく方法を会得しましょう。

　チョウは一般に3メートルぐらいまではあまり

フジバカマが植えられた公園には9月末に、たくさんのアサギマダラが集まります。魚眼レンズを使い、その場の状況を入れて撮影しました。
オリンパスPEN-F　8㎜ f1.8 (f7.1)　1/1250秒　ISO400　WBオート

撮影者を気にしませんから、まずは遠くから撮影できる望遠ズームを使うことです。ぼくは、かつてはマクロレンズでチョウを撮っていましたが、チョウを大写しできる望遠ズームが出てきたことで、最近はチョウの撮影には望遠ズームをよく使うようになりました。とくにチョウのポートレート的な写真を撮るのに望遠ズームは適しています。

３メートルぐらいからでも、フルサイズ換算３００ミリぐらいのズームレンズなら、チョウの種類がわかるぐらいの大きさに撮ることができます。とまっているチョウならそこから徐々に近づいてだんだん大きく撮るようにします。自分の持っているレンズがどこまで寄れるかも知っておきましょう。最短撮影距離に近いところまで近づ

いろいろなレンズ

AF-S NIKKOR 28-300㎜ f/3.5-5.6G ED VR（左）、AF-S NIKKOR 70-300㎜ f/4.5-5.6E ED VR（右）　望遠側は、いずれも300㎜と同じですが、被写体が3m以内では同じ大きさに撮ろうと思った場合、70-300㎜のほうが離れた位置から写すことができます。

AF-S NIKKOR 300㎜ f/4E PF ED VR
フルサイズ用300㎜としては極めて小型軽量です。

M.ZUIKO DIGITAL ED 40-150㎜ F2.8 PRO
明るく高性能な望遠ズームです。性能に対し価格も安い。

M.ZUIKO DIGITAL ED 300㎜ F4.0 IS PRO　マイクロフォーサーズ用としては大きく重いですが、性能は抜群。

ければ、シジミチョウぐらいの大きさのチョウを、画面いっぱいに撮ることができます。

チョウの個体によって敏感ですぐ逃げるものと、あまり気にしないものもいます。良いモデルになってくれるチョウに出会ったら、徹底して撮影しましょう。チョウは一度逃げてしまっても戻って来ることも多いので、1か所で最低でも30分ぐらいは撮影しましょう。

チョウが花壇などにたくさんいるときには、近づいても逃げないことが多いものです。同じ種類でなくても近い仲間が多ければ、チョウは安心するのか、撮影チャンスが増えます。また、たくさんいれば、そこで求愛行動や花から花へ飛び移る様子の撮影チャンスも多いというものです。

湿った地面にとまっているチョウは、地面から水にとけたミネラル分を摂取しているチョウです。何匹もが集まって吸水していることが多いものです。もし驚かせてしまって、1匹が逃げると他のチョウも飛び立ってしまいます。だからまずは望遠ズームで3メートル以上離れて撮ります。アゲハの仲間などは眼が良いので、最初はもっと離れて撮ってもよいでしょう。

飛んで行ってしまっても、もし1匹だけでも残っていたら、しばらく動かないで待っていると他のチョウが戻って来ます。徐々に近づいて、もし少しでも飛んだら動きを止めます。なるべく低い姿勢で近づきます。うまくいくとチョウまで50センチメートルぐらいまで、時には触っても逃げないぐらい近づけます。そんなときは望遠レンズでなく、コンパクトデジタルカメラや被写体に寄れる広角レンズ、魚眼レンズなどで撮影ができます。チョウを驚かさないように徐々に近づくというのが、吸水しているチョウを撮るコツです。

チョウの撮り方のコツ

昆虫観察のための撮影では、あとから撮ったチョウの種類が確実に同定できる写真を撮ることも必要です。蝶は似たものが多いのですが、翅の表だけ見るとそっくりなチョウが、翅の裏を見ると容易に区別できるということもあります。だから、同定に自信のある人以外は翅を開いているところと閉じているところを撮ることが大切です。中にはなかなか翅を開いてくれないチョウもいますが、半開きぐらいのところなら撮れると思います。ジャノメチョウの仲間は、なかなか翅を開いてくれません。幸いジャノメチョウの仲間は、裏面に特徴があるものが多いので、なるべく真横からシャープに撮るのがよいと思います。

確実に翅の表と裏を撮るにはチョウが飛び立つところを高速シャッターで連写するのが理想です

上の2枚はギンボシヒョウモン、下の2枚はウラギンヒョウモンです。翅の表と裏を撮ることで、後から種の同定ができます。

が、写すのはとてもむずかしいと思います。88ページで説明するproキャプチャーやプリ連写モードを使えば比較的容易に写すことができますが、それは特定のカメラの機能です。

朝早い時間はチョウが体を温めるために翅を開いていることが多く、翅を開いた写真を撮りたい場合、時間も重要です。また日中、あまり気温の高くない季節はチョウが翅を開いて、地面などにとまっていることもあります。こういったチョウの上に、手のひらで影を作ってやると翅を開くことが多いです。これは写真撮影のためというより、実験してみるとおもしろいと思います。

地面にとまるチョウの撮影

チョウが地面にとまるのは、吸水や日光浴のためです。地面にとまるチョウの撮影では、カメラアングルが重要です。地面にとまったチョウをチョウの目線で撮りたいのであれば、地面すれす

タイで、クロツバメシジミの仲間を囲んでの撮影。

マクロレンズでの撮影では、チョウにかなり近づかなければならない。

上は寝転んでいる人が撮影していたチョウのポーズ。チョウの真横から撮っていて、ぼくの写真より遙かに綺麗な写真がたくさん撮れているはずです。ななめ上から撮っている人は、チョウが翅を開くのを待って撮影しているのだと思います。右のような写真が撮れたでしょう。このときぼくは、他の人の邪魔にならないように真上から望遠ズームで撮影しました。右上の写真です。

アンビカコムラサキの翅が開いたところを真上から撮影したもの。青紫の輝きはほとんど見えません。

斜め前からの撮影です。青紫の輝きが美しい。

斜め後方、上からの撮影。ほんの少しだけ青みが出ます。

横からの撮影。青紫の色が綺麗に出ます。

れのアングルから撮ります。カメラが地面に接するほどのアングルです。可動式液晶を備えていないカメラやファインダーをのぞいて厳密なピント合わせをしたいときは、地面に寝転んで撮影します。

84ページの写真では、4人のカメラマンが小さなシジミチョウを囲んでいます。真ん中の寝転んでいる人のカメラのすぐ前にチョウはいます。マクロレンズでの厳密な撮影です。かなりめずらしい蝶なので必死です。手前の人は望遠ズームで寝転んでいる人の邪魔にならないように撮影しています。液晶が可動式なので、地面に寝転ばず、カメラを地面に置いて撮影しています。女性カメラマン2人は斜め上からの撮影です。

基本的に地面にとまっているチョウの撮影は、翅を開いているならば真上から、翅を閉じているなら真横から撮影するのがよいと思います。斜め上からのアングルのときは、斜め後ろから撮影するとピントが全体に合いやすいです。また、撮影

ミラーレスカメラに望遠ズームで、アンビカコムラサキの写真をねらっています。恐らくは右ページ下のような構図の写真を撮ろうとしているのだと思います。最初は可動式液晶を見ながら撮影していましたが（左）ファインダーをのぞいて撮影を始めました（下）。

カメラアングルをやや上にしないと、右ページ下のような写真は撮れません。可動式液晶だと、このようなアングルでは不安定なのでファインダーをのぞいて撮っています。望遠ズーム使用では、ミラーレスでもファインダーをのぞいた方がぶれません。基本的に望遠やマクロはファインダーをのぞいて撮るのがよいでしょう。

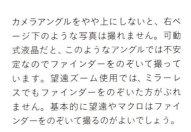

者が多い場合は先に撮影している人（この場合は寝転んでいる人）優先で、他の人は邪魔にならないように写すのがルールです。なので、マクロレンズや広角レンズでいつも撮影する人も、望遠レンズは持っていた方がよいでしょう。チョウの中には構造色といって、ある方向から光が当たっているときだけに、綺麗なメタリックの輝きが出るチョウがいます。前ページの写真のアンビカコムラサキもその一つです。真上や、斜め後ろから撮ると、青紫の輝きは出ません。前から見たときが一番綺麗です。こうしたチョウでは、カメラアングルがとても重要になることを覚えておきましょう。

チョウの産卵を観察撮影する

チョウが産卵するシーンを撮影したいと思ったら、チョウの食草を知って、その近くを飛んでいるメスを追跡するのが確実です。食草を知らなくても、産卵するメスの行動を知れば、撮影のチャ

高原のシシウドの葉に産卵するキアゲハ。
ニコンD200　10.5mm　f2.8（f10.0）　1/250秒　ISO200　WBオート

ンスはあります。チョウのメスを追うことで、チョウに食草を教えてもらうのです。

産卵するメスは植物に軽く触りながらゆっくりと飛んでいることが多く、そうしたチョウを見つけたら追いかけてみます。産卵はたいていのチョウは卵を一つずつ産むので、前もってそのチョウが産卵しそうだということを知らなければなかなか撮れないものです。

多くの場合、卵を産む時間はほんの10秒程度の出来事の場合が多いので、チョウが植物にとまってお尻を曲げたら連写するのがよいでしょう。中には卵をまとめてたくさん産む種類もいます。これは産卵しているのを見つけたらチョウを驚かさないように近づいて撮影します。

チョウの飛翔をproキャプチャーやプリ連写モードで撮る

チョウの飛翔の撮影は、連写で写すことで身近なものになりました。カメラのタイムラグは、今のカメラは気にならないほどですが、人がシャッターを押す動作にはかなりのタイムラグがあり、ぼくの場合0・2秒もあります。秒10コマで連写したとしても、チョウがその場であまり動かずに花から花へという場合などは写せますが、自分が見たシーンは写りません。見たシーンそのものの撮影を可能にしてくれるのがproキャプチャーモードやプリ連写モードです。フォーカス固定ですが秒60コマで撮り、遡って35枚まで記録することができます。ぼくの場合、飛んだといってシャッターを押しても、12枚以上遡って記録されないと、確実に蝶の飛翔を写すことはできないのです。

proキャプチャーモードはオリンパスOM-D E-M1 Mark IIやE-M1Xに搭載されている機能、プリ連写はパナソニックのLUMIXのミラーレスカメラやコンパクトデジタルカメラの一部に搭載されている機能です。

オニヤンマのオスが水の流れる林道を行ったり来たりして、メスをさがしていました。ときどきホバリングするので、その瞬間を撮りました。
オリンパスOM-D E-M1 MarkⅡ　12-100㎜ f4.0（f5.6）1/4000秒　ISO5000　WBオート

夜、灯りに飛んできたミヤマカミキリが森に帰るところをproキャプチャーモードHで撮影しました。
オリンパスOM-D E-M1 MarkⅡ　14-42㎜ f3.5（f3.5）1/3200秒 ISO640　WBオート

これらはシャッターを半押しにしている間、カメラが高速でシャッターを切り続けてくれる機能で、シャッターを切る前の画像が記録されるモードです。以前にはカシオのコンパクトカメラの一部やニコン１Ｖ３にも似た機能が搭載されていました。２０１６年暮れ、マイクロフォーサーズのオリンパスOM-D E-M1 Mark Ⅱにｐｒｏキャプチャーモードとして搭載され、さらに２０１７年ＬＵＭＩＸ ＧＨ５の６Ｋフォトモードの中にプリ連写として搭載され、一気に人気が出ました。

ｐｒｏキャプチャーモードやプリ連写モードなどで昆虫の飛翔をねらう場合、カメラの設定はとても重要です。プログラムオート（Ｐ）で撮影すると多くの場合失敗します。速い動きを止めて撮るのですから、シャッター優先モード（Ｓ）か、マニュアル露出モード（Ｍ）を使うのがよいのです。

ぼくの場合は、シャッター速度は１／３２００秒以上にします。どうしてもＩＳＯ感度が高く

ため池のまわりを飛ぶメスグロヒョウモンのメス。
オリンパスOM-D E-M1 MarkⅡ　9-18㎜ f4.0-5.6（f6.3）　1/4000秒　ISO800　WBオート

なりますが、ISO感度オートで最高ISOを3200に設定するのがよいと思います。

オリンパスOM-D E-M1 Mark Ⅱの場合、proキャプチャーモードHを選ぶのがよいでしょう。シャッターを半押しにしている間の保存枚数は最高35コマが選べます。保存枚数も35枚を選ぶのがよいでしょう。proキャプチャーモードLというのもあり、秒18コマですがCAF（コンティニアスオート）も効き、初心者には使いやすいかもしれません。

LUMIXのGH5やG9の6Kプリ連写ではシャッターの前と後を秒30コマで30コマずつ撮れます。つまり前後1秒ずつ合計60コマ撮影可能です。この6Kプリ連写ではかなり確率よく飛翔写真が撮れますが、保存に時間がかかるので、ちょっと使いづらいかもしれません。

proキャプチャーモードやプリ連写は電子シャッターを使います。電子シャッターの良くな

高原に咲くヨツバヒヨドリにやって来た、アサギマダラの飛んでいるところをproキャプチャーモードで撮影しました。 オリンパスOM-D E-M1 Mark Ⅱ　12-100㎜　f4.0（f4.0）　1/3200秒　ISO1600　WBオート

い点はフォーカルプレーンシャッターとくらべて、高速で動く被写体がゆがんで写ることがある点です。だんだんゆがみにくくはなっていますが、高速で翅を動かすハチや、透明な大きな翅をばらばらに動かすトンボでは、大きなゆがみがまだ出ることがあります。

　ゆがみが出やすい昆虫は小さな甲虫類、カメムシの仲間、小型のトンボ、ハチ、アブなどで、とくにハチの場合は使わない方がよいと思います。トンボの場合は問題なく写ることも多いので、トンボの飛翔が普通のフォーカルプレーンシャッターを使って撮れないという人は、proキャプチャーやプリ連写を使ってみるのもよいと思います。小さなチョウ、とくにセセリチョウでは、翅がたわんだりして写ることもありますが、それほど問題になることは少なく、たくさん撮ってゆがんでいないものを選べばよいでしょう。なお、画面に被写体を大きく入れるとゆがみが出やすくなります。

オオミツバチが花に来るところをproキャプチャーモードで撮影しました。ハチなど翅の動きが速い昆虫は、proキャプチャーモードの電子シャッターでは翅がゆがんで写ることがよくあります。中にはゆがみが目立たないカットもありますが、相当数の写真を撮らなくてはいけません。

タイワンハグロトンボが飛び立つところをproキャプチャーモードで撮影しました。このトンボを撮影した際は、翅はほとんどゆがみませんでした。
オリンパスOM-D E-M1 Mark Ⅱ　LEICA DG 50-200/F2.8-4.0＋TC1.4（f5.6）1/3200秒　ISO500　WBオート

台湾のクロアゲハは尾状突起がありません。川の上を飛ぶ姿をproキャプチャーモードで撮影しました。
オリンパスOM-D E-M1 Mark Ⅱ　12-100㎜ f4.0（f4.0）　1/3200秒　ISO500　WBオート

台湾のホリシャルリマダラは美しいチョウですが翅を開かないので、飛んでいるところを撮ります。雨が降りそうな天気で、ISO感度が高くなってしまいましたが、思ったよりノイズが出ませんでした。
オリンパスOM-D E-M1 MarkⅡ　12-100mm f4.0（f5.6）　1/3200秒　ISO3200　WBオート

タイのルリモンアゲハの飛翔をプリ連写で撮影しました。
パナソニックGH5　LEICA DG ELMARIT 200mm f2.8（f2.8）　1/3200秒　ISO800　WBオート

Column 6 テレコンバーターの利用

上／アカエリトリバネアゲハを300㎜レンズ単体で撮影。 オリンパスOM-D E-M1X　M.300㎜ f4.0（f4.0）　1/80秒　ISO200　WB晴天

下／同じ場所から300㎜レンズに2倍テレコンを使って撮影。 オリンパスOM-D E-M1X　M.300㎜ f4.0＋MC20（f4.0）1/20秒　ISO200　WB晴天

汎用テレコンバーター

カメラメーカーの
専用テレコンバーター

テレコンバーター（テレコン）はレンズの焦点距離を伸ばすために使われるレンズです。レンズとボディの間に付けます。最近は高級望遠レンズ専用のテレコンバーターが多く、どのレンズにも付けられるテレコンバーターはケンコーからしか発売されていません。いずれも1・4倍と2倍があります。カメラ好きの人はテレコンバーターを使用すると画質が落ちると敬遠する人も多いのですが、ぼくは積極的に使っています。

テレコンバーターを使っても最短撮影距離は変わらないので、昆虫撮影ではより大写しができるからです。1・4倍テレコンバーターを使うと1絞り、2倍のテレコンバーターを使うと2絞り暗くなりますが、それ以上に昆虫撮影ではメリットがあります。実は最近のぼくの写

高い木のてっぺんでテリトリーを張っているビクトリアトリバネアゲハを300mmレンズに2倍テレコンを使って撮影。　オリンパスOM-D E-M1 MarkⅡ　M.300mm f4.0＋MC20（f16.0）　1/50秒　ISO200　WBオート

真で望遠レンズを使った撮影は80パーセントぐらいの割合でテレコンバーターを使ったものです。超望遠レンズにテレコンバーターで、逃げやすいハンミョウなども逃げられることなく大写しができるのです。

2倍テレコンを40-150mmの望遠ズームに装着。最短撮影距離付近で、深度合成で撮影したハンミョウの仲間（マレーシア）。
オリンパスOM-D E-M1 MarkⅡ M.40-150mm f2.8 ＋ MC20　（f5.6）
1/125秒　ISO200　WB晴天

トンボを撮ってみよう

トンボといってもたくさんの種類があります。そして、イトトンボ、カワトンボ、ヤンマ、サナエトンボ、アカトンボなどのグループに分けられます。各グループで基本的な行動は決まってきます。

イトトンボは小さく細いトンボで、かなり近づくことが可能です。ただ湿地など水がある場所に住むので、場所によっては近づけないこともあります。アカトンボは、手で捕まえることもできるほど逃げないトンボです。逃げてもまた同じ枝にとまることもあり、最も撮りやすいトンボです。これらのトンボは標準ズームや、小型のコンパクトデジタルカメラ、スマートフォンなどでも撮ることができます。ヤンマはなかなか近づけず、しかも飛んでばかりいるので、望遠レンズをミラーレスや一眼レフカメラに付けて撮ります。一瞬を捉えなければならないので、連写速度の速いカメラ

アマゴイルリトンボを望遠レンズで真横から撮影しました。池など近寄れない場所にいるトンボの撮影には、望遠レンズが必須です。この写真はマイクロフォーサーズに300㎜＋テレコンなので、フルサイズ換算840㎜という超望遠での撮影でした。 オリンパスOM-D E-M1 300㎜ f4.0 + MC14（f6.3） 1/800秒 ISO400 WBオート

が必要になります。サナエトンボやシオカラトンボなどの仲間は、種類によっては撮りやすいものと撮りにくいものがあります。やはり望遠レンズがあった方がよいと思います。トンボはとても目が良いのですが、それは動体視力が良いということで、ゆっくりした動きには意外に反応しません。とまっているトンボに近づきたいときは、ゆっくりとした動きで近づきます。そうすればアカアトンボなどは、レンズに触るぐらいまで近寄れます。トンボの写真で、後から種類を正確に調べるには、真上からと真横からの写真を撮っておきます。胸の模様と背中の模様が同定に役立ちます。アカトンボやシオカラトンボ、カワトンボが枝にとまっている場合は、飛び立っても餌をとってすぐに同じ場所に戻ることが多く、その瞬間をねらえば、飛んでいるトンボの撮影もむずかしくありません。

ヤンマなどは、ほとんどとまらないのですが、ホバリングといって、空中で静止飛行をすること

ハッチョウトンボは水面の反射を入れると綺麗に撮れます。背景の水面が明るいときは露出を+補正するとよいでしょう。　オリンパスOM-D E-M1　300㎜ f4.0（f8.0）　1/400秒　ISO400　WBオート

が多く、その瞬間をねらいます。背景が空や水面だとAFも効きますが、背景が雑然としているとAFではむずかしく、MFでピントを合わせながらシャッターを切ります。むずかしそうですが、やってみるとそれほどむずかしくはないので、ぜひチャレンジしてください。

トンボの産卵は種類によって異なります。同じアカトンボでもナツアカネはオスメスつながったまま空中で卵を落とし(打空産卵)、アキアカネは、つながったまま水面にお尻を付けて産卵します(打水産卵)。シオカラトンボは交尾後、すぐにメスが離れて、水面にお尻をたたきつけるようにして産卵します。オオシオカラトンボでは、メスが水面をお尻ですくうようにたたき、水と一緒に卵を遠くへ飛ばします。いずれもすぐ近くでオスは見守っています。こうした場合、メスとオスの両方にピントを合わすのはむずかしいのですが、斜めからねらうとうまくいくこともあります。

川の中の石の上にとまるミヤマカワトンボが翅を開くのを待って撮影しました。APS-Cサイズカメラに300㎜＋テレコンならマイクロフォーサーズ並みに大きく写すことができます。背景の水面が明るいときは露出を＋補正をするとよいでしょう。　ニコンD500　AF-S NIKKOR 300㎜　f4E PF ED VR＋1.4Xテレコン（f5.6）　1/800秒　ISO400　WBオート

ギンヤンマの産卵

ギンヤンマのホバリング

オニヤンマの産卵

オオシオカラトンボの産卵

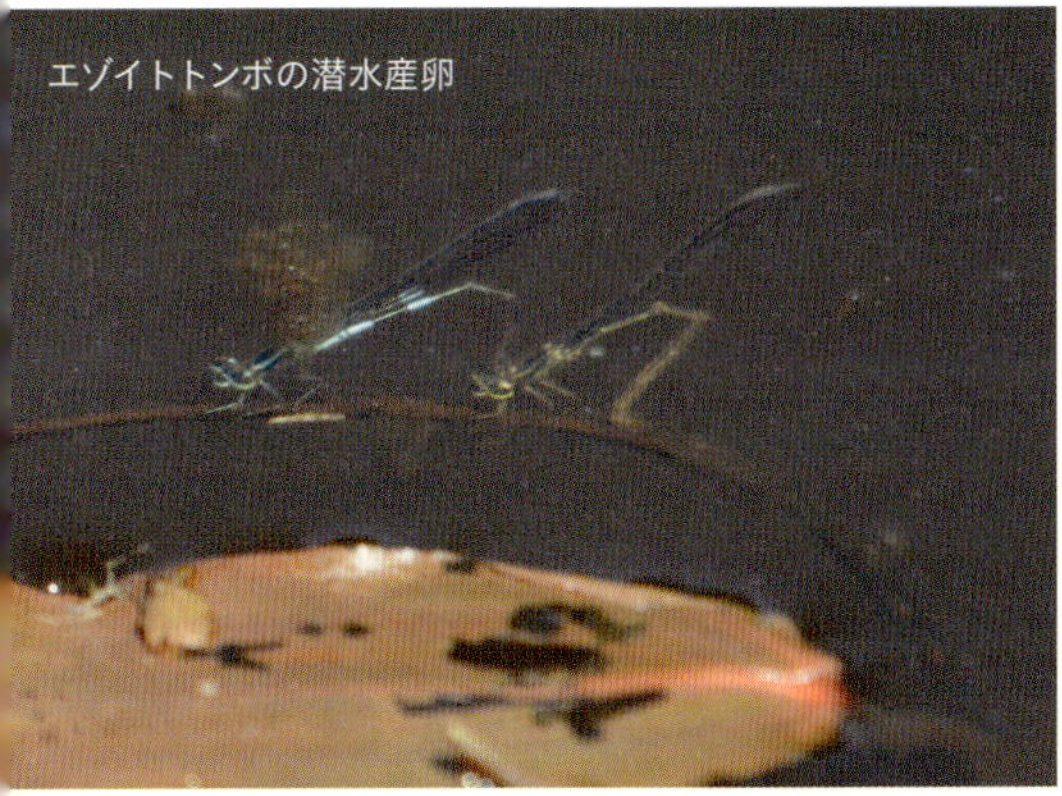
エゾイトトンボの潜水産卵

ミヤマカワトンボの産卵

アキアカネの産卵

ナツアカネの産卵

昆虫の拡大撮影

昆虫の体をアップで撮影すると、複眼の様子や体の様子を詳しく観察することができます。昔は顕微鏡写真の領域だった体の構造が、撮影した写真からわかるのです。ミヤマクワガタってこんなに毛深いんだとか、チョウの卵の表面はこんなにでこぼこしていたり、いろいろな凸凹があるんだなど、自分が撮った写真からわかるのです。

マクロレンズでの撮影

普通のマクロレンズは等倍撮影ができます。フルサイズなら横幅およそ35ミリメートル、APSなら24ミリメートル、マイクロフォーサーズなら18ミリメートルを画面いっぱいに写すことができます。たとえば、オリンパスのM・ZUIKO DIGITAL ED 30mm F3.5 Macroは最大撮影倍率が1・25倍なので、さらに大きく写すことができます。レンズ交

アカトンボの顔。フルサイズ一眼レフカメラだとマクロレンズを使い最短撮影距離で写しても、この大きさまでにしかなりません。APS-Cサイズやマイクロフォーサーズカメラで撮影する方が、拡大率が高くなります。 ニコン D700 105mm f2.8マイクロ（f16.0） 1/80秒 ISO800 WBオート

換式カメラで3センチメートル以上の被写体でも、昆虫の顔のアップなどを撮影するにはこうしたマクロレンズを用います。フルサイズやAPS-Cの場合、テレコンを付けて倍率を上げることもできます。マクロレンズには標準マクロ、望遠マクロがあり、マイクロフォーサーズでは30ミリ、45ミリ、60ミリのマクロレンズがあります。60ミリマクロが野外では最も使いやすいでしょう。フルサイズでは60ミリ、105ミリなどがあります。倍率を上げるにはAPS-Cサイズのカメラに汎用テレコンを使うか、マイクロフォーサーズが有利です。

コンパクトデジタルカメラでの超拡大撮影

この分野になると、現在市販されているカメラで対応しているのは、残念ながらオリンパスのTG-2からTG-5までのTGシリーズに限られます。

小さな昆虫の撮影では、ミラーレス一眼や一眼レフにマクロレンズを付けるよりも有利なことが多い

単体で等倍まで撮れるマクロレンズにはさまざまな種類があり、フルサイズでは標準マクロレンズが50㎜程度、望遠マクロレンズが100㎜ 程度です。マイクロフォーサーズでは標準マクロレンズが30㎜ 程度、望遠マクロレンズが60㎜ 程度です。他にも、もっと焦点距離の長いマクロレンズもあります。

と思います。だれでも手軽に超クローズアップ撮影ができるのです。TGシリーズのカメラを1台持ってフィールドに出かければ、昆虫などの小さな被写体を簡単にマクロで撮れます。スーパーマクロ（TG-2）や顕微鏡モード（TG-3以降）は最短撮影距離がレンズ前1センチメートルぐらいで、ズームすると光学マクロで35ミリ換算約7倍の拡大撮影が可能です。しかもこれが手持ちで撮れるのです。ここまで拡大するには、従来はキヤノンのMPE65マクロなど拡大接写用レンズを一眼レフで使うか、ベローズ（カメラボディとレンズの間に取付け、蛇腹の操り出し量によって撮影倍率を変えるしくみ）を使うしか方法がなかったのです。

TG-3以降の機種では、マクロ撮影機能の中に深度合成モードが加わりました。これは8枚の写真を、ピントを少しずつ変えて自動的に撮り、カメラ内で深度合成して全面にピントが合う写真にしてくれるモードです。TG-3以降の機種なら数秒

ボルネオのコガネムシの顔

オーストラリアのハエトリグモの仲間

アカエリトリバネアゲハの翅

クモを狩るヒメベッコウ

オリンパスのTGシリーズは接写撮影に非常に特化したカメラで、TG-3以降の機種が使いやすいです。深度合成機能も搭載しているので、精緻な写真を撮ることができます。ただ昆虫を大きく撮るには、数cmまで寄る必要があります。むずかしそうですが、やってみると意外に簡単です。

ぐらいじっとしていてくれたら撮れるのです。ただし撮影中に触角などが動くと、二重写しになってしまいます。

TG-5ではAFの普通モードで10センチメートルまで、顕微鏡モードでは1センチメートルから30センチメートル以内の被写体にピントが合います。つまり、いつもマクロモードにしていても大きな昆虫からテントウムシまで撮れるのです。望遠でも1センチメートルまで寄れるのが最大のメリットで、ここがTGシリーズの最も優れた点です。ピントを深く撮れるので、マクロレンズなら一部にしかピントが合わない小さな被写体ではとても便利です。昆虫を撮影するのは好きだけれど、うまく撮れないという人が使えば、本人もびっくりするぐらい簡単にマクロ撮影ができるようになり、写真がうまくなったのではと思ってしまうほどです。ただし画質はミラーレス一眼や一眼レフとくらべると劣るのも事実です。

カブトムシの顔をアップで撮影してみました。

Column 7 深度合成

合成後

マクロレンズや望遠レンズで拡大撮影をすると一部にしかピントが合わないので、ピントをずらした写真を複数枚撮って、ピントの合った部分を合成して、ピントの合う範囲を広げるのが深度合成です。オリンパス、ニコンなどのカメラにフォーカスを変えながら撮影するフォーカスブラケットモードが搭載されています。フォーカスブラケットモードで撮った写真はパソコンで合成します。オリンパスのOM-D E-M1 Mark II やE-M10 Mark III などにはカメラ内で合成してくれる深度合成モードが搭載されています。

ボルネオで見つけたシロスジカミキリの仲間の顔を、望遠ズームに2倍テレコンを付けてカメラ内深度合成で撮影しました。手持ちの撮影で、ぶれないよう速いシャッタースピードで撮ったため、ISO感度が高くなりましたが、最新のミラーレス一眼カメラだったのでノイズはあまり感じられません。
オリンパスOM-D E-M1X　M.40-150mm f2.8＋MC20（f5.6）
1/500秒　ISO2000
WBオート

合成前の写真　それぞれの写真でピントが合っている場合が違うのがわかります。

昆虫の来る花を観察しよう

花が咲いていれば、ハチやチョウが蜜を求めて集まり、コガネムシやカミキリムシなどの甲虫の仲間もやって来ます。昆虫たちはどのようにして花を見つけているのでしょうか。

花の種類によって来る昆虫に違いがあったり、昆虫がほとんど来ない花もあることが、写真を撮っているとわかります。まずは身近な昆虫で、ミツバチ、モンシロチョウ、ナミアゲハを、花壇や道ばたの花と撮影してみましょう。

たくさんの写真を撮って見てみると、ミツバチが多く来る花は白、黄色、青、紫、赤紫などの花で、赤い花にはほとんどやって来ないことがわかります。モンシロチョウの来る花も、ミツバチとほとんど同じです。だから、春ならナノハナやレンゲ畑はミツバチやモンシロチョウを撮影するのにとても良い場所です。

ナノハナ畑を飛ぶモンシロチョウ。メスはこの中に1匹だけです。
ニコン D500　AF-S NIKKOR 300㎜ f4E PF ED VR（f9.0）　1/800秒　ISO400　WBオート

反対にナミアゲハは赤い花が好きです。けれど、ムラサキツメクサやアザミなど赤紫の花にも多くやってきます。

実は昆虫の視覚は私たちと異なっています。昆虫、とくに花に来るハチやチョウは、紫外線の反射や吸収を見ることができます。紫外線だけを通すフィルターをかけてモノクロ写真を撮ると、蜜のあるところは黒く写ります。つまり紫外線を吸収しているのです。白は、私たちの見える光を全て反射しているのですが、白い花でも実は紫外線を吸収している花や、一部だけ吸収している花もあります。そうした花は紫外線の見える昆虫には私たちとは異なる色に見えるのです。

ミツバチやモンシロチョウは赤は見えず、代わりに紫外線域まで色を見ることができます。ナミアゲハは赤もよく見え、なおかつ紫外線もある程度見えるので、私たちより見える色域が広いことがわかっています。

赤いヒャクニチソウの蜜を吸うナミアゲハ。
オリンパスE 620　シグマ70㎜ f2.8マクロ（f4）　1/800秒　ISO800　WBオート

他の昆虫の視覚については、あまり研究されていません。花の匂いに誘われてやって来る昆虫もいるでしょう。花に来る昆虫をたくさん写真に

撮って、この昆虫はどんなふうに花を見ているのだろうかと考えるのも、デジタルカメラを使った昆虫観察の楽しいところです。

ツツジにやって来たナミアゲハの春型。

ムシトリナデシコの花で吸蜜するメスグロヒョウモンのオス。

ムシトリナデシコの花で吸蜜するメスグロヒョウモンのメス。赤紫の花はさまざまなチョウが好みます。

左ページ／サクラ、ムラサキハナナ、レンゲ、タンポポはミツバチとモンシロチョウが好む花です。これはミツバチとモンシロチョウの視覚が似ていることを表わしています。

紫外線で見た花

　私たちの見える色域は、４００ナノメートルから７００ナノメートルの波長範囲にあります。ぼくが子供のころは赤《せき》橙《とう》黄《おう》緑《りょく》青《せい》藍《らん》紫《し》と呼んで覚えたものです。赤は７００ナノメートル、紫は４００ナノメートルです。紫より短い波長の光を紫外線、赤より長い波長の光を赤外線と呼びます。昆虫は近紫外線（３６０〜３８０ナノメートル）を感じることができる種類が多く、私たちが見る色とは違った世界を見ています。花は昆虫に受粉をしてもらうための工夫として、蜜のある場所がわかるような蜜マークと呼ばれる模様を持っていたり、蜜のある部分は紫外線を吸収しています。

　紫外線だけを通すフィルター（UVフィルターの逆の真っ黒なフィルター）を使い写真を撮ってみると蜜マークを見ることができます。けれど、デジタルカメラの撮像素子は紫外線域の感度が著しく低

タンポポの花を紫外線のみ通すフィルターを使ってモノクロ撮影をしました。中心部の色が濃く、紫外線を吸収しています。ここに蜜があることを昆虫に知らせています。

左ページ／紫外線透過、可視光不透過のフィルターを使ってビデオカメラで撮影した春の花です。ムシトリナデシコの白花は虫の目には赤花と同じに見えるようです。

ムシトリナデシコのアカバナとシロバナ

オオイヌノフグリ

ハルジオン

ナノハナ

モンシロチョウのオス。

2番目の方法、つまり波長をずらす方法で紫外線撮影。オスの翅が黄色に。

モンシロチョウの交尾。

2番目の方法で紫外線撮影。後ろはメスで、モンシロチョウ同様にオスは紫外線を吸収し、メスは反射していることがわかりました。

ムラサキツメクサを2番目の方法で紫外線撮影すると黄色になります。

ムラサキツメクサをアゲハが見たらという視点で撮ってみた

マレーシアのトガリシロチョウ。

紫外線写真を撮ると左の2匹のオスが黄色く写りました。

く、紫外線や赤外線をカットするフィルターが撮像素子の前に装着されているために、なかなか綺麗に写すことができません。基本的には私たちは紫外線域を見ることができないので、モノクロで紫外線の反射吸収だけを見るのが科学的には正しいのですが、昆虫もカラーで色を見ているわけですから、何とかカラーで見せられないかと試行錯誤しています。

　それにしても、モンシロチョウのオスは紫外線を吸収し、同様に花の蜜があるところは紫外線を吸収しているのは不思議なことです。もしかしたら、オスはメスに魅力的な花の色に似せて、メスに近づこうとしているのかもしれません。このように紫外線で虫の世界を見てみると、まだまだ不思議なことがたくさんあります。

昆虫が見ている色の世界

　昔、デジタルカメラやビデオカメラの撮像素子がＣＭＯＳではなくＣＣＤだった時代は、今より紫外域の感度が高く、あるビデオカメラでは紫外線だけを通すフィルターを付けただけで、ある程度のカラー写真が撮れたことがあります。１１３ページはそのカメラで撮った花の写真です。ナノハナに蜜マークがあったり、ムシトリナデシコの白花が赤花と同じに写ってびっくりしました。このフィルターは実は赤外域も感知するので、全体に赤みが強くなるのが欠点ですが、なかなかの優れものでした。

　今は、撮像素子の前のフィルターを取り外した改造カメラに紫外線だけを通すフィルターを付けて撮影し、パソコンで普通の写真をＲＧＢに分解し（デジタルカメラの色は基本的にＲＧＢで構成されている）、紫外線の反射吸収だけを撮った写真と統合してカラー化しています。

　一つ目のぼくのやり方は、元画像に紫外線の反射吸収を加味した写真で、人間がわかりやすいようにカラー化した写真です。二番目の方法はカラー写真のRGBのうち、R（赤）チャンネルを削除し、G（緑）チャンネルをRに当て、B（青）チャンネルをGに当て、Bの代わりに紫外線写真を当てる方法です。つまり波長をずらすわけです。これはもう50年も前にぼくもやった方法ですが、紫外線を吸収している部分が黄色になるのが特徴です。

三番目の方法はアゲハチョウの見た世界をどうやったら表わせるかです。一番目の方法でよい気もしますが、もう少し何とかならないかと、Rチャンネルと Gチャンネルを活かし、Bチャンネルを削除して、ここに紫外線写真を当ててみました。114ページのムラサキツメクサはモンシロチョウもアゲハチョウも来る花です。人間とは違った色に見えるという点ではよいのですが、青を省いているのでやはり本当にアゲハチョウが見た色とは異なっています。

一般的な4倍ズームの高画質なコンパクトデジタルカメラでリンゴの花にとまる虫を撮ろうとしましたが、広角でも望遠でも、ほとんど同じ大きさにしか写りません。上は広角での最短撮影距離、下は望遠での最短撮影距離での撮影です。以前はクローズアップレンズを付ければある程度拡大写真が撮れたのですが、今はフィルターを付けるようになっていないコンパクトデジタルカメラがほとんどです。オプションで、フィルターを付けられるリングが売っていたり、金属テープを貼って、そこに磁石でくっつくようにしたリングにクローズアップレンズやフィルターを付ける方法もありますが、あまりおすすめできません。

コンパクトデジタルカメラでの撮影

一般的なズーム倍率が4倍程度のコンパクトデジタルカメラは最短撮影距離が3センチメートル程度のものもあり、ある程度昆虫の写真を撮ることができます。けれど、最短撮影距離が3センチメートルというのは広角側での最短撮影距離で、大きく写そうと望遠にすると、最短撮影距離が30センチメートルだったりして遠くからしか撮れないので、写る大きさはそれほど変わりません。それなら高画素のコンパクトデジタルカメラなら、後からトリミングして大きくした方がましだと思います。低価格のコンパクトデジタルカメラがどんどんなくなっているのは、スマートフォンで撮れる程度の写真しか撮れない機種が多いからです。コンパクトデジタルカメラは撮像素子が大きい高級機や、10倍以上の高倍率機、接写に特化した機種など、スマートフォンでは撮れない機種に

コンパクトデジタルカメラを地面に置いて撮影。葉の上にとまっている小さな昆虫を写すには、葉を手で支えて写すとぶれません。また、できるだけチョウの目線で撮影をします。翅を開いているチョウは真上から撮影するのもよいでしょう。

人気があり、実用的です。

コンパクトデジタルカメラでの撮影のヒント

接写に強いコンパクトデジタルカメラ、オリンパスのTG－3以降のTGシリーズを使用すれば、マクロレンズはほぼ不要です。初心者にはデジタル一眼レフカメラとマクロレンズの組み合わせより、遥かに写真がうまく撮れます。ぼく自身も野外でマクロレンズを使うことが、今ではとても少なくなりました。このTGシリーズのカメラは、防水と耐衝撃性能が半端ではなく、ガラス面が石などに当たらない限りカメラをポケットから落としてもまず壊れることはありません。1センチメートルまでの接写を使うには、顕微鏡マークにダイヤ

TGはズーム全域で1㎝まで接写ができますが、地面にとまっているチョウを広角で撮るとカメラの影が被写体にかかってしまうことがあります。その場合は少しカメラを後ろに動かし、ズームして、カメラの影が被写体や地面に入らない位置から撮るようにします。またフラッシュディフューザーFD-1をマクロ撮影では基本、常時使用しています。カメラの影が気になる場合、わざと全体が影になるアングルを選びFD-1を使用すれば、影のない明るい写真が撮れます。

接写に強いコンパクトデジタルカメラでの撮影

左はフラッシュなし、右はフラッシュディフューザーFD1を使って撮影したものです。逆光や、カメラの影が被写体に落ちているときには、フラッシュを使うと被写体の色を出すことができます。

TG-6は被写体にかなり近づいて撮影することになるので、順光、広角ではカメラの影が入ってしまいます。そこで少しズームして影を入れない写真を撮ったのが右上の写真です。TGシリーズはマクロ域でもズームが効くのが大きな特徴で、一番ズームアップすると、下の大きい写真のように、チョウの部分アップも撮ることができます。

ルを合わせるだけで、望遠でも広角でも1センチメートルの距離まで撮影が可能になります。またWi-Fi内蔵なので、リモコンでシャッターを切ることもできるし、GPSや気圧センサーも内蔵されていて、撮影場所をあとから地図上に示したり、撮影地の標高やそのときの気温まで記録されるので、フィールドワークには圧倒的な強みを持っています。

オリンパスTGシリーズの深度合成とproキャプチャーモード

深度合成はTG-3以降、proキャプチャーモードはTG-5以降に搭載されている機能です。深度合成はマクロ撮影で全体にピントを合わせたいときに使います。TG-6では深度合成の枚数を3枚から10枚まで選べるようになりました。望遠マクロ域では10枚がよく、広角マクロではデフォルトの8枚でよいでしょう。大きなチョウな

右側の写真は、カメラ内深度合成を使ったもの、左側は深度合成を使っていません。被写体から少し引いて撮影すれば、背景までピントの合ったパンフォーカスの写真になります。被写体に近づいてアップで撮ると体の細部がよくわかる写真になります。

TG-6のproキャプチャーモードを使って撮影した、アオスソビキアゲハがおしっこをする瞬間。写真下は、その決定的な瞬間の写真を撮っている筆者。

どをパンフォーカスの広角で撮るときは3枚で充分だと思います。proキャプチャーモードは、シャッターを半押ししている間、カメラが撮り続け、シャッターを押し込むと、その前の画像が撮れるモードです。ただし、連写速度が速くないので、昆虫の飛翔は大型のチョウ以外は向きません。チョウがおしっこをするシーンはほぼ確実に写すことができました。

もっと高画質な昆虫の超拡大写真

チョウの卵や、カミキリムシなどほとんど動かない瞬間がある昆虫の超拡大撮影を行うには、APS-Cサイズで約8倍まで撮れるキヤノンのMPE65ミリマクロレンズなどがあります。これはフラッシュを併用しないとまず良質な写真は撮れないので、あまり一般向きではありません。

2~10倍程度の写真を撮るには、広角レンズをリバースしてベローズに付けて撮影する方法(レンズを逆向にベローズに装着することで高倍率の接写撮影)もあります。けれど、どんなレンズを使っても極端な拡大撮影では被写界深度が浅く、全体にピントの合った写真を撮ることができません。とくにデジタルになってから、絞って被写界深度を稼ごうとすると、画質が極端に落ちるレンズが多いのが困りものでした。そこで登場したのが深度合成の技術です、深度合成は基本的にカメラを少しずつ動かすか、ファーカスを少しずつ動かし、たくさんの写真を撮り、ピントの合った部分を合成する方法です。かつては大がかりなシステムが必要でしたが、カメラ内で深度合成といって、自動的にピントをずらして撮影する技術がオリンパスのOM-D E-M1 Mark IIなどに搭載されたことで身近なものになりました。ただしOM-D E-M1 Mark IIのマクロレンズは30ミリマクロがフルサイズ換算2・5倍までですから、チョウの卵などの拡大となると、少し倍率が足りません。それでも

左ページ/シロスジカミキリの顔を約30枚フォーカスブラケットモードで撮り、パソコンで深度合成した写真です。深度合成を使うことでここまで細部がわかる写真が撮れます。
オリンパスOM-D E-M10 Mark II　60mm f/2.8マクロ

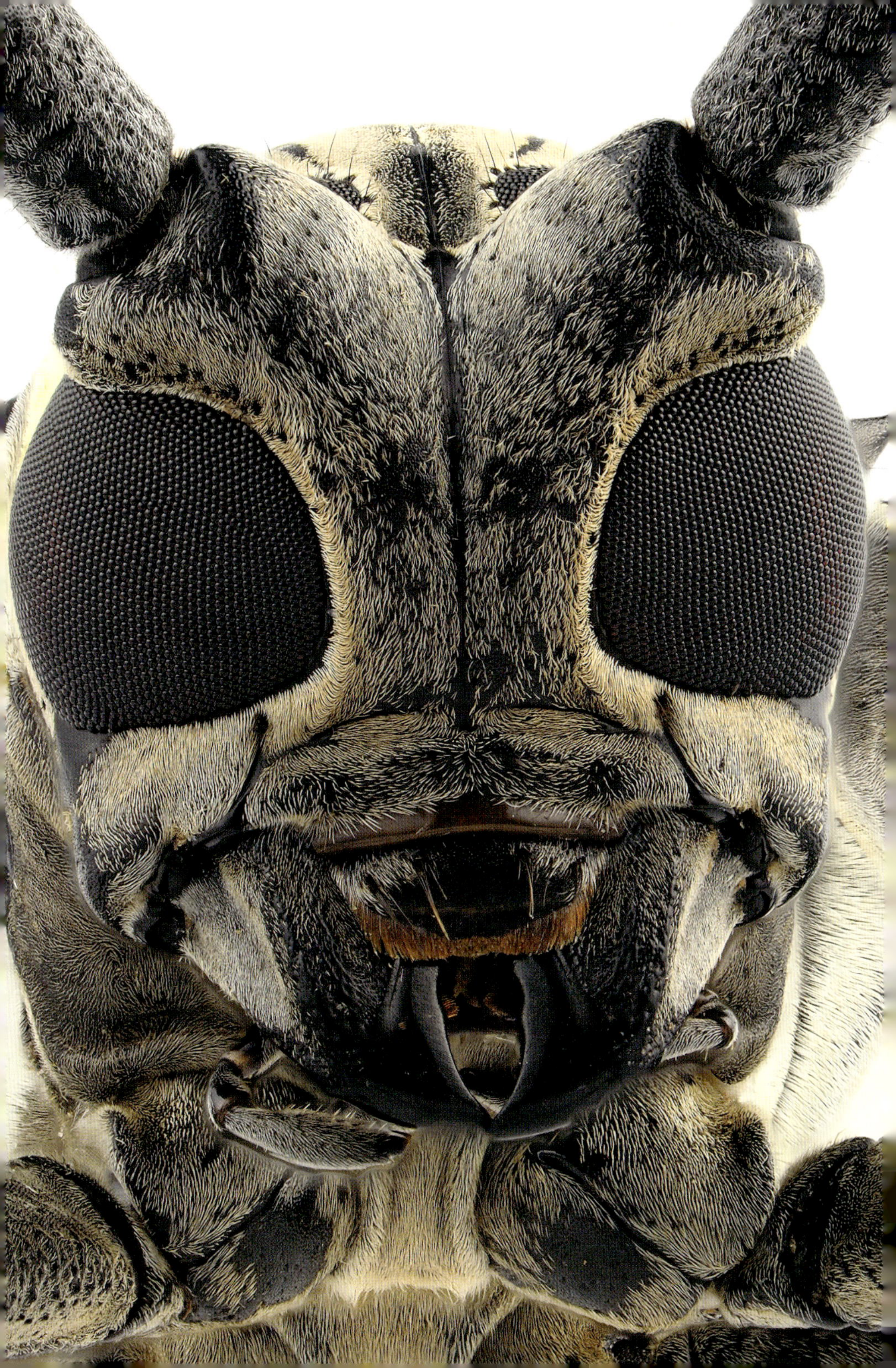

昆虫の顔などのどアップの写真は、２倍もあればほぼ充分です。カメラ内での深度合成に対応しているのは、現在はオリンパスのミラーレス一眼とパナソニックのＬＵＭＩＸのミラーレス、フォーカスブラケットに対応しているけれどカメラ内では合成してくれないニコンＤ８５０などがあり、これからは他のメーカーも搭載してくるだろうと思います。

チョウの卵の超拡大写真

チョウの卵は１ミリメートルぐらいしかありません。これを画面いっぱいに写そうと思うと、フルサイズなら最低10倍程度まで拡大撮影できるレンズが必要となります。これには顕微鏡を使ってフォーカスを０・１ミリメートル以下の単位で少しずつ動かして深度合成する方法、昔の12〜20ミリぐらいのマクロ専用のベローズ併用レンズを同様に、少しずつフォーカスを変えて撮る方法、無

リュウキュウミスジの卵。かなり前の撮影システムで、電動式のレールにベローズ付きのカメラで撮影をしていました。当時の12㎜ マクロレンズを使い、約50枚ピントをずらして撮影して、その画像をパソコンで合成しました。当時は電子シャッターが一般化していなかったので、機械式のシャッターはシャッターを切るとカメラが振動して、ぶれが問題となりました。オリンパスOM-D E-M1　ミノルタ製12㎜ マクロレンズ（f2.7）　1/250秒　ISO400　WBオート　LEDライト使用

限光学系の顕微鏡レンズ（5〜10倍）を200ミリ程度の望遠レンズに付けて同じようにフォーカスを動かし深度合成する方法などがあります。まず高倍率ですから、カメラは相当に大きな三脚か、撮影台にしっかり取り付けなければなりません、フォーカスを動かすのも0・1ミリメートル単位となると、カメラそのものを少しずつ動かす微動装置が必要です。

しかしそれでは、一般の方が簡単に撮影することができません。オリンパスOM-D E-M1 MarkⅡの望遠ズームに無限光学系の顕微鏡レンズを付けて、何とか自動でフォーカスブラケットの写真が撮れないかと模索しました。無限光学系の5倍の顕微鏡レンズを望遠レンズの先に付けます。無限光学系の顕微鏡レンズは200ミリの焦点距離のレンズを後ろに組み込むことで、5倍の倍率で高画質の写真を撮影できます。マイクロフォーサーズで5倍だとフルサイズ換算では10倍になり

ムモンアケボノアゲハの卵。電動式のレールにベローズ付きのカメラ、昔の12㎜マクロレンズを使い約50枚ピントをずらして撮影。パソコンで合成しました。オリンパスOM-D E-M1　ミノルタ製12㎜マクロレンズ(f2.7) 1/250秒　ISO400　WBオート　LEDライト使用

2014年の撮影セット。ずいぶん大がかりなものでした。

ますから、一応合格です。

マイクロフォーサーズレンズではLUMIX G VARIO 100-300㎜／F4-5・6／MEGA O・I・S.M・ZUIKO DIGITAL ED 75-300㎜ F4・8-6・7IIが200ミリの焦点距離を出せるレンズです。LUMIX G VARIO 100-300㎜を使ってみました。さらに小型化するためにM・ZUIKO DIGITAL 40-150㎜ F4・0-5・6を使ってみました。焦点距離が150ミリなので周辺がケラレ（画角の一部または四隅が黒っぽく写り込んでしまうこと）ます。そこで、自作のテレコンを作り（無限は出ない）、追加すると、非常に高画質で撮れることがわかったのです。ケラレることを覚悟で単体で使ってトリミングするのもよいと思います。というのは、このような高倍率深度合成では、周辺はどうしてもちゃんと合成できずに最後にカットせざるを得ないからです。照明はLEDライトで、レンズ先端にリング状のLEDライトを使用しています。

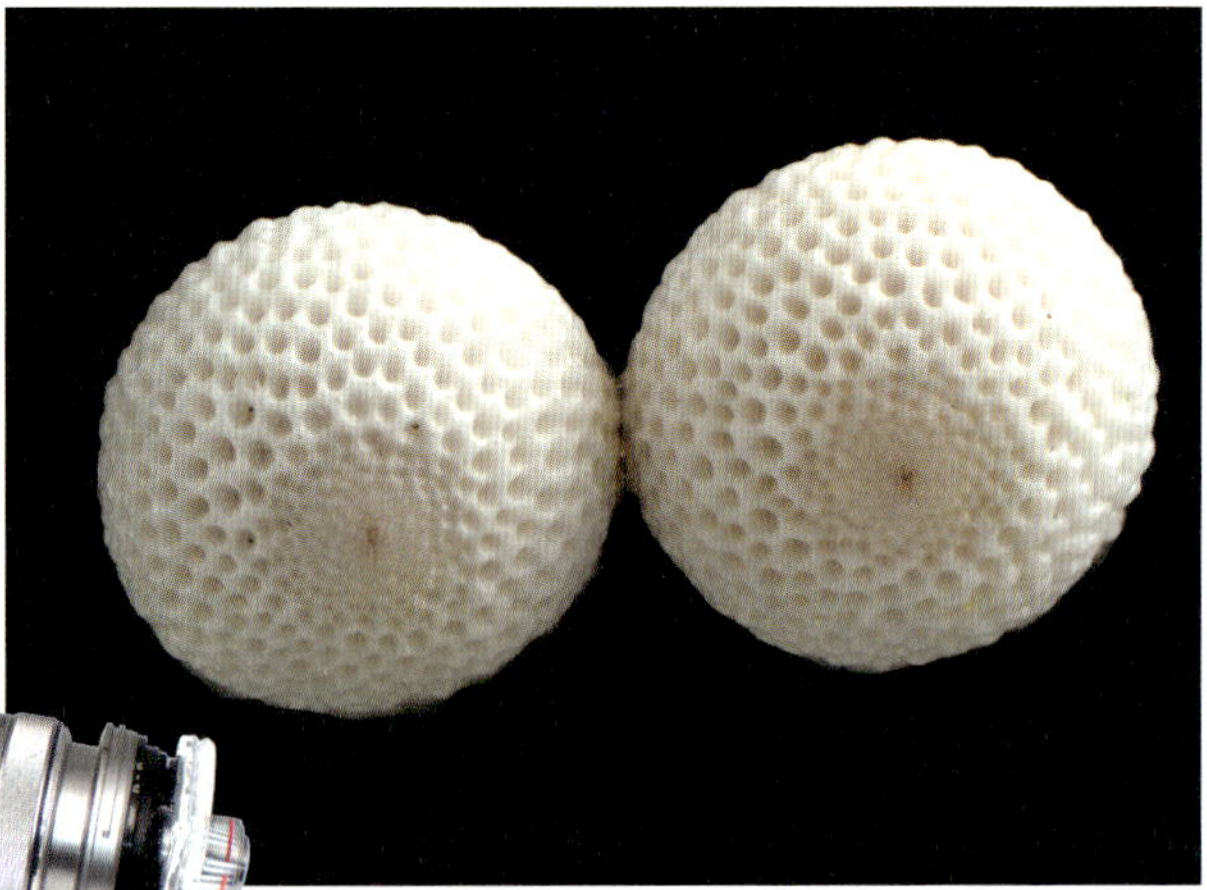

ウスバシロチョウの卵を5倍の顕微鏡レンズで撮影しました。マスターレンズはM.ZUIKO DIGITAL ED 40-150㎜ F4.0-5.6という普及レンズに自作テレコン。約2倍になっているようで、かなり大きく撮れます。トリミングなしでこの大きさになります。50枚以上の写真から深度合成した写真です。

今では電子式シャッターのカメラを使うことで、ぶれの心配はほとんどなくなりました。以前はこのような写真は1日に2枚撮れればよかったのですが、今はもっとたくさんの写真が撮れるようになりました。

CHAPTER 2

四季の昆虫観察と撮影

昆虫をさがす

近所の昆虫さがし

　昆虫さがしは、どこででもできるのが魅力です。自宅から徒歩で行けるような場所でも昆虫の観察や撮影はできます。ぼくは都会の真ん中に住んでいて、自宅から仕事場までは徒歩で15分ほどです。途中に外濠があり、そこはとても良い昆虫の観察と撮影場所でした。残念ながら堀の改修があり、現在は立ち入り禁止になっていますが、それでも橋の上から手が届く場所に緑があるので、いろいろな昆虫を見ることができます。とくに夏はセミが多く、ヤブガラシの花にはアゲハやアオスジアゲハがやって来ます。それらをスマートフォンで撮影したりします。

　通学や通勤、散歩などで普段同じ道を通ってい

左／東京の真ん中でもフェンスにヤブガラシがあれば、アオスジアゲハに会うことができます（東京都千代田区）。下／靖国通りのサクラの街路樹にいたミンミンゼミ（東京都千代田区）。

れば、季節の変化も感じることができます。都会や住宅地では公園も良い観察場所で、セミの観察にはこれ以上の場所はありません。昆虫と植物は深い関わりを持っています。都会の真ん中でも、昆虫が好きな植物を知ることで、多くの昆虫に出会えるのです。また季節も重要です。春に昆虫の多い場所でも、夏にも昆虫が多いとは限りません。より多くの昆虫に出会うには、季節に応じて場所を選ぶことが重要です。

家に庭のある人は、庭に昆虫が好む植物を植えれば家に居ながらにして昆虫の観察と撮影ができます。庭がなくても、ベランダのあるアパートやマンションに住んでいる場合は、そこにミカンかサンショウの鉢植えを置けば、アゲハチョウが卵を産みに来ます。クチナシの鉢植えを置くと、知らないうちに葉を全部食べられてしまい丸坊主にされてしまうことがあります。これはオオスカシバというハチドリみたいに見える飛びながら蜜を

上／公園に植えられたフヨウにオオスカシバがやってきました。右／ベランダでも、ミカンの鉢植えを置けばナミアゲハが卵を産みに来ます。

吸うガの仕業です。成虫がやって来る姿はなかなか観察できなくても、卵や幼虫なら観察できます。なお、アゲハチョウの幼虫の場合、小さな鉢植えだと餌になる葉が足りなくなってしまうことがあります。ミカンの木というのは、勝手に生えたものが都会では結構あるので、もし観察を継続したかったり羽化を見てみたいと思ったら、近くでミカン類の葉が手に入る場所を見つけておきましょう。

ユキヤナギなどの灌木の鉢植えがあれば、アブラムシがやって来ます。アブラムシは植物にとっては困りものですが、アブラムシがいると、アリが蜜をもらいに来たり、アブラムシを食べるテントウムシや、幼虫がアブラムシを食べるヒラタアブが産卵に来ます。アブラムシに寄生する小さなハチも見られるはずです。バラも花にはほとんど昆虫が来ませんが、アブラムシが多く付く植物です。

上／ヒャクニチソウは花期が長く、さまざまなチョウの吸蜜源になります。左／アブラムシがいれば、それを食べる昆虫がやって来ます。写真のイモムシのような昆虫はヒラタアブの仲間の幼虫です。

里山の昆虫さがし

田んぼや畑、小さな林、荒れ地、農家が点在する里山とも呼ばれる里は、多様な環境があり、昆虫の観察や撮影にはすばらしい場所です。道ばたに花壇がある場所も多く、そこに昆虫が好きな花が植えてあれば最適です。

道ばたの花壇によく植えられている花の中では、マリーゴールド、ブルーサルビア、ヒャクニチソウは、とくにチョウが好みます。これから紹介する野原や林などの環境は、すべて里山の中にあります。

上／外来植物のセイヨウヤマガラシは嫌われ者ですが、昆虫たちが集まって来ます。春先は川の近くにナノハナなどアブラナ科植物が咲く場所で昆虫たちが多く見られます。下／放置された草原は昆虫にとっては楽園です。

野原の昆虫さがし

雑草の生い茂る空き地や川の土手、工場団地などで開発途中で工事をやめてしまった空き地、畑や田んぼで耕作されなくなり草が茂っている場所など、日当たりの良い草地も昆虫の宝庫です。春先にナノハナやセイヨウヤマガラシが咲き乱れる川の土手などにも良い観察場所です。

こうした場所は、春先ならナナホシテントウやモンシロチョウなどを観察するのに良く、夏から秋はバッタやキリギリスをさがすのに良い場所です。こうした場所に8月の夜に行けば、草むらからさまざまな昆虫の鳴く声が聞こえてきます。立地により鳴く昆虫の種類も変わってきます。今は、昆虫の声もインターネットなどで調べると聞けるので、どんな昆虫が鳴いているのか調べるのもおもしろいでしょう。

昆虫観察の道具

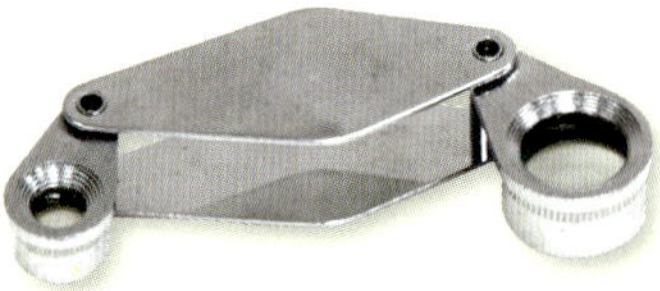

ルーペ

小さな昆虫の観察にはルーペを使うこともあります。数mmの昆虫も5〜10倍のルーペで見れば、細部まで観察することができます。けれどルーペで拡大するよりも、マクロに強いコンパクトデジタルカメラ（オリンパスTG-5など）で撮影して、その画像を拡大して観察する方が便利です。

双眼鏡

双眼鏡

昆虫を観察する双眼鏡は1メートル以内までピントが合う機種がよいと思います。たとえばペンタックスのパピリオ6・5×21は6・5倍の双眼鏡ですが、50センチメートルの近さまでピントが合います。安価なものならビクセンのat6 M6×18は、倍率が6倍で55センチメートルの近さでピントが合います。これらの双眼鏡は昆虫観察に充分使えます。本格的に昆虫の撮影をしていて300ミリ以上の望遠レンズを持っているのであれば、双眼鏡はなくてもよいと思います。ぼくはカメラの望遠レンズで昆虫の種類を確かめながら撮影します。たとえばマイクロフォーサーズカメラに200ミリのズームを使えば、約

ビニール袋

昆虫を一時的につかまえるのにビニール袋は便利です。空気が入らないと心配する必要はほとんどありませんが、日が5分でも当たると昆虫の体温が上がり昆虫は死んでしまいます。

スコップ

カブトムシの幼虫をさがしたり、土の中の昆虫を観察するときに必要です。なるべく軽くて丈夫なものを選びます。昼間、木の根元を掘って寝ているカブトムシを採る人がいますが、木を傷めるのでやめましょう。また土を掘った場合には、かならず埋め戻しておくことも大切です。

8倍の単眼鏡より綺麗に見えると思います。デジタルカメラの手ぶれ補正は強力なので、単眼鏡的な使い方をしても観察にも使えますし、そのまま写真が撮影できます。高倍率ズームのコンパクトデジタルカメラ、たとえばパナソニックのLUMIX TZ90は小型のコンパクトデジタルカメラですが、30倍で、ファインダーも付いているので昆虫観察に使えると思います。倍率が高くてもファインダーのないコンパクトデジタルカメラは、遠くから昆虫を撮影することには向いていません。

オリンパスのTGシリーズのコンパクトデジタルカメラをルーペのように使えば、背面の液晶で昆虫を大きく拡大できるのでルーペよるずっと役に立ちます。

昆虫観察ケース

細かい部分を観察するために、昆虫を一時的に入れるカップは持っていた方がよいと思います。100円ショップなどで、昆虫の大きさに合わせて2～3種類用意しておきましょう。蓋がきついものは昆虫を入れるときに蓋を開けるのに手間どって、昆虫が逃げやすいので、一部が開くケースがあればよいでしょう。他に昆虫飼育ケースの小型のものもカマキリなど大きめの昆虫の観察には必要です。

傘

木の葉に隠れている虫をさがすとき、どうしても見つからなければ、傘を枝にかけて枝をたたくと、昆虫が落ちてきます。

昆虫観察にはかならず捕虫網が必要だというのは、昔の話だと思います。逆に、網を持っているとつい昆虫を捕まえたくなるので、じっくり観察を楽しみたいのであれば捕虫網は持ち歩かない方がよいと思っています。チョウやトンボはできるだけ捕まえないで自然な状態で観察しましょう。

昆虫を捕まえるのであれば捕虫網を使わず、手で捕らえるのもよいと思います。手で捕まえようとすると、下に落ちたり飛んで逃げたりするので、じっくりと昆虫と付き合って、その習性を知ることができるでしょう。

デジタルカメラでしっかりと写真を撮れば、小さな昆虫でも名前を調べることができるはずです。ただし、さらに小さな甲虫類などは、専門家でも詳細に調べ

懐中電灯

懐中電灯は夜の昆虫さがしには必須です。また樹胴などに潜む昆虫を観察するときにも使います。最近はとても明るいLEDの小型懐中電灯が安価で手に入ります。懐中電灯はできるだけ白色の光が出るもの（5000〜5500ケルビン）だと、そのままカメラの照明にも使えるので便利です。

ステンレス製ザル

昔、100円ショップでステンレス製のザルを逆さまにしたような蠅帳を買いました。ファーブルが昆虫観察に使ったものとよく似ているものです。植木鉢の受け皿の上にザルをかぶせます。土の上を歩く昆虫なら、受け皿に少し土を入れてもよいのです。5mm以上ある昆虫なら逃げる心配もなく、ザルを持ち上げて写真を撮るにも便利です。ヤママユに卵を産ませるのにも役立ちました。ステンレス製のザルで、なるべく上からもよく見えるものを選ぶのがよいと思います。

ピンセット

危険な昆虫をつかんだり、汚物にいる昆虫を観察するのにはピンセットを使います。その他、木の穴などに潜り込んでいる昆虫を追い出して、そこに何がいるのか調べるときにも使えます。

ないとわからない種類もいます。そういった場合には、昆虫を捕まえて専門家に見てもらうことも必要になります。名前が調べにくい昆虫というのは、多くの場合は網で捕まえるような昆虫ではなく、倒木の下に潜んでいたりして、吸虫管で吸い取ったりして捕まえるような昆虫です。

また、水中に住む昆虫の場合、とくに水草に潜む昆虫などは水の上からの観察はむずかしいので、網の目の細かい水網を使って昆虫を捕らえて観察します。

林の昆虫さがし

杉林などの針葉樹の林は、昆虫の種類がとても少ないのですが、コナラやクヌギのある雑木林は昆虫の宝庫です。クヌギの木から樹液が出ていれば、昼間にはカナブンなど樹液を好む昆虫がやって来ます。ただし、恐ろしいスズメバチもやって来るので注意しましょう。

クワガタムシは昼間でも樹液のところにいることが多いのですが、カブトムシが現われるのは夜です。暗くなってすぐのころがカブトムシが活動を始める時間で、樹液のまわりで羽音がすることもあります。林にはカブトムシやクワガタムシ以外の昆虫もたくさん住んでいます。コナラの木ではシロスジカミキリが産卵します。

林のまわりに薪や材木が置いてあったらしめたものです。ここにはさまざまなカミキリムシがやって来ます。カミキリムシの仲間は、倒れたば

上／クヌギの樹液には夏はさまざまな昆虫が集まって来ます。
左／クヌギやコナラの材木が積まれているところは、カミキリムシの宝庫です。

かりの木に卵を産む種類が多く、木の種類によってさまざまなカミキリムシが見られます。

林の植物の葉の上にも昆虫はたくさんいます。葉がまだ硬くならない5月から6月が、葉の上の昆虫さがしには最も適した季節です。小さな甲虫やガの幼虫がたくさんいます。ガの幼虫は種類によって食べる植物が違います。たとえば、バラの若い枝みたいに見えるキエダシャクの幼虫は、5月に雑木林の林縁のノイバラで見つけることができます。クリの木があれば5月にナミオトシブミが葉を巻いているかもしれません。林での昆虫観察撮影では、植物の種類を知っていると、昆虫さがしに役に立ちます。

木の花にも昆虫は集まります。とくにハナカミキリの仲間は小さな花を好みます。イヌザンショウ、リョウブ、春ならカエデの花などです。ハナカミキリの仲間を観察・撮影するには、カミキリムシの好きな花を覚えておくことも大切です。

水辺の昆虫さがし

水辺といっても、水たまり、大きな川、流れのある小さな川、池、湿地、休耕田などさまざまです。田んぼも水辺です。環境によって見られる昆虫は異なります。水辺で見られる昆虫は、水面や水中を生活の場とする水棲昆虫と呼ばれる仲間や、幼虫が水中で暮らすトンボやホタルなどです。

小川や田んぼの水路には、流水に住むトンボのヤゴ、流れの緩やかな場所ではアメンボなども見られます。流水域と呼ばれるこうした水場は大きな川、山間の渓流などさまざまな場所があり、昆虫によって好む場所が異なります。水遊びに最適な水の浅い流れの緩やかな淀みもある川は、トンボの種類も多く、カワトンボやサナエトンボの仲間が見られます。

水が流れていない池や沼など、止水域や田んぼにはゲンゴロウ、コオイムシ、タイコウチ、ミズカマキリ、ギンヤンマやシオカラトンボなどのヤゴが見られます。湿地は浅い水域を好むイトトンボやハッチョウトンボなどが住む場所です。

昆虫たちの季節

昆虫は種類によって活動する季節が決まっています。冬を除き、一年中見られる昆虫も多くいますが、ある季節だけに限って活動する昆虫も多いのです。ここでは季節ごとにどんな昆虫が観察撮影できるかを紹介しましょう。

早春の昆虫さがし

気温の低い日がまだ多い3月は、昆虫たちの活動は晴れた日に限られます。この季節は気温の差があまりなくても、晴れているのと曇っているのでは大違いです。私たちも日が射すと暖かく感じますが、昆虫にとって太陽の存在はもっと大きいのです。昆虫は変温動物なので体温が上がらないと活動できません。気温が多少低くても、日の光が直接昆虫の体に当たることで体温が上昇して活動できるようになります。早春の昆虫観察は風のない暖かな日を選びましょう。

長野県や東北地方のように寒い地域では、この季節、晴れていても昆虫が活動を始めるのは午前11時ごろです。そして太陽が低くなり始める午後2時を過ぎると、とたんに活動が鈍くなります。関東地方以南では、午前10時から午後3時ころまでが活動時間となります。昆虫たちは、だいたい気温が10度以上まで上がる晴れた日にしか活動しないことを覚えておきましょう。

春の息吹

「一雨ごとの暖かさ」とよく言います。ぼくがフィールドにしている小諸では、冬は雨でなく雪が降りますので、木の枝に水滴が付いているのを見ると、春も近いなと嬉しくなります。

3月は昆虫たちが活動を始める季節です。3月の初めに啓蟄という日がありますが、啓蟄とは冬ごもりしていた虫が土の中からはい出して来るという意味です。

このころ、河原の石を起こすとコブハサミムシが見つかることがあります。たいていは黄色の小さな卵がたくさんあって、石をどけると、大あてで卵を隠そうとします。コブハサミムシの母親は2月に卵を産み、卵が孵化するまで卵のそばに寄り添って世話をするのです。飼育して観察してみると、卵が汚れれば丹念に表面を舐め、ときどき卵を並べ替えたりします。湿った場所にいるので、卵にカビが生えたりしないように世話をしているのです。外敵のアリが来たりすると、母親はおしりのハサミを振り回して追い払います。

やがて卵からは真っ白なガラス細工のような小さなハサミムシの幼虫が生まれてきます。全部の幼虫が孵化するには、まる1日ぐらいかかりま

早春に子育てをするコブハサミムシは、子煩悩な母親です。

す。孵化した幼虫は1日経つと親と同じように黒っぽくなります。それでもまだ母親はその場にとどまっています。

そのうち幼虫が母親の背中に登り始めます。足に噛みつくものもいます。母親はちょっといやがる様子をしますが、逃げ出すことはありません。やがて、たくさんの幼虫が母親に群がって、ついには母親を食べてしまうのです。卵を守りきった母親は、自ら子供たちの餌として身を捧げるのです。

こういった生態を撮影するには飼育をする必要があります。プラスチックのケースに土を入れ、巣穴になるへこみを少し作り、そこにハサミムシの卵と母親を一緒に入れます、上に石を置き、ケースの上はプラスチックかガラスの板で蓋をして観察します。観察や撮影には、ときどき石をどけて撮影します。フラッシュを使うか大型のLED器具で照明を当てて撮影します。ミラーレスや一眼レフカメラではマクロレンズを使います。最も簡単なのは、接写に強いコンパクトデジカメでフラッシュを使って撮影することです。前に紹介したオリンパスのTG－5の場合は、FD1というフラッシュディフューザーを使うとよいでしょう。

小諸ではこのころ、日当たりの良い墓地で、フクジュソウの花が咲き出します。フクジュソウの花には日本在来の野生のニホンミツバチがやって来ます。ミツバチには、セイヨウミツバチと、ニホンミツバチがいますが、セイヨウミツバチは黄色っぽく、ニホンミツバチは黒っぽいので、見慣れればすぐに区別がつきます。ニホンミツバチは日本在来のミツバチです。フクジュソウにとっても、活動する虫たちが少ないこの季節は、ニホンミツバチは受粉を助けてくれる大切なお客さんなのでしょう。

ミツバチの撮影は、ミラーレス一眼や一眼レフカメラではやはりマクロレンズ、まわりの環境込みで写すのなら接写の効く広角レンズや、魚眼コンバーターを標準ズームに付けて写すのがよいと思います。

この季節に昆虫をさがすには、風のあまり当たらない、南向きの斜面に行きます。斜面に作られた畑や田んぼの土手で南向きの場所を探すのが一番効率がよいでしょう。オオイヌノフグリの花が咲き出しています。オオイヌノフグリは真冬でも少しは花がありますが、3月に入って雨が降れば、日増しに緑色になり、勢いを増していきます。オオイヌノフグリの花には、暖かな日にはアブやミツバチが訪れます。

オオイヌノフグリが咲いている場所をナナホシテントウが歩いています。花の蜜を吸っているわけではなさそうです。根元をかき分ければ小さなアブラムシがたくさんいます。ナナホシテントウはアブラムシを食べにやって来るのです。葉の裏

早春、まだ花の少ない時期に咲くフクジュソウは、ニホンミツバチのよい吸蜜源になります。魚眼レンズにテレコンバーターでの撮影です。

をさがせば、ナナホシテントウの黄色い卵がたくさん産み付けられていることもあります。3月も半ばを過ぎれば、孵化して歩き回る幼虫も見ることができます。幼虫も成虫も少しいやな臭いがする黄色い汁を出すことがあります。この汁は苦くてまずいので鳥がいやがるといわれています。人間にはそれほど害はありませんが、汁が手に付いたら念のため石けんでよく洗いましょう。

ナナホシテントウも小さいので、接写の効くコンパクトデジカメ以外のカメラではマクロレンズが必要で、フラッシュも使って、少し絞り込んで被写界深度を深く撮影します。絞り込むためにはフラッシュがあった方が良く撮れます。

3月はチョウも活動を始める季節です。一番初めに出て来るのは、成虫で冬を越したキタテハやヒオドシチョウなどのタテハチョウの仲間です。

春に成虫になるチョウでは、一番早く出て来るのは幼虫越冬のモンキチョウです。モンキチョウはオツネンチョウとも呼ばれ、昔は成虫で越冬すると思われていたチョウです。どこにでもいるチョウですが、冬の間の生活はあまり知られていなかったのです。冬の小諸で幼虫を観察していると、モンキチョウの幼虫は冬でもゆっくり成長し、早春に蛹になります。

モンキチョウに続いて、ベニシジミやモンシロチョウも活動を始めます。ベニシジミはモンキチョウと同じく、幼虫で少しずつ冬も成長しながら蛹になり、羽化してくるのです。

モンシロチョウは蛹で冬を越し、小諸では3月中旬ごろから成虫になります。モンシロチョウの幼虫はキャベツの葉を食べるので、キャベツ畑では嫌われ者です。けれどキャベツを大規模に栽培している畑では、モンシロチョウを見ることはほとんどありません。モンシロチョウによく効く農薬が使われているからです。

モンシロチョウは、都会では私たちの目を楽

早春に花を咲かせるオオイヌノフグリには、花の蜜を吸う昆虫の他にも、ナナホシテントウなどアブラムシを食べる昆虫も集まって来ます。

右下／クロヤマアリがオオイヌノフグリの花の蜜を吸っています。左下／モンキチョウは春一番に活動を始めるチョウの一つです。東京では2月から多く見られるようになります。

しませてくれる身近なチョウです。「ちょうちょ　ちょうちょ　菜の葉にとまれ」と歌われているのもモンシロチョウでしょう。モンシロチョウはナノハナが大好きです。ナノハナはキャベツと同じアブラナ科の植物で、モンシロチョウの幼虫はこの葉を食べ、チョウになると花の蜜を吸います。東京の真ん中でも、土手に咲くナノハナのまわりでモンシロチョウをたくさん見ることがあります。

モンシロチョウはオスもメスも、翅を広げると5センチメートルほどの白いチョウです。私たちには区別しにくいのですが、モンシロチョウはちゃんと自分たちの雌雄を見分けることができます。モンシロチョウの目は私たちには見えない、紫外線を見ることができるのです。メスの翅は紫外線を反射しますが、オスの翅は吸収します。それでオスはメスよりも濃い色に見えるのではと考えられています（114ページ参照）。

紫外線での撮影は112ページでお話ししま

成虫で冬を越したチョウは、気温が上がると越冬から目覚めます。ヒオドシチョウ（左）は丘の上でテリトリーを張り、キタテハは（上）谷間でテリトリーを張っています。

すが、チョウの撮影では望遠ズームや標準ズームを使います。標準ズームでも充分大きく撮れますが、被写体のチョウに近づかなければならず、逃げられてしまうことが多いのです。マイクロフォーサーズなら100ミリ以上、APS-Cサイズカメラなら150ミリ以上、フルサイズなら200ミリ以上のレンズを使うのが便利です。

サクラの花と昆虫

3月も末になれば、各地からサクラの開花のニュースが聞かれます。ちょうどサクラの花が咲く季節に羽化するチョウもいます。蛹で越冬していたギフチョウやヒメギフチョウです。ギフチョウもヒメギフチョウもとてもよく似たチョウですが、ギフチョウは西日本、ヒメギフチョウは中部以北というふうに棲み分けています。春の女神ともたたえられるギフチョウやヒメギフチョウはサクラが咲き始めるころに現われ、桜が散って10日

サクラの花に集まる昆虫もたくさんいます。左上／セイヨウミツバチ、右上／ギフチョウ、左下／モンシロチョウ、右下／シータテハ、。

モンシロチョウはレンゲの花も大好きです。レンゲ畑は田んぼの肥料にするために作られます。

レンゲの花にはミツバチもたくさんやって来ます。レンゲの受粉はミツバチぐらいの大きさのハチがになります。

もすれば姿を消してしまう、スプリングエフェメラル（春の妖精）です。

サクラの花は、この季節の重要な蜜源となります。ミツバチやクマバチなどのハチ、ギフチョウを初めとする春のチョウたちがやって来ます。モンシロチョウもサクラが大好きですし、キアゲハ、ギフチョウ、ルリシジミやルリタテハなど、この季節に見られるチョウのほとんどがサクラにやって来ます。昆虫たちにはソメイヨシノよりも、コヒガンザクラやヤマザクラなど花の小さいサクラが好まれます。

サクラの花に来る昆虫の写真は、望遠ズームで撮影するのがよいでしょう。もちろん低い場所にも花は付きますから、標準ズームで撮れる場合もあります。

昆虫が多くやって来るのは、林の近くにあるサクラです。近づいて撮影することになりますので、お花見客が多い場所は迷惑になります。だいたい虫が多く来るサクラは、人が多く集まる場所よりも林の近くに咲くサクラです。これはナノハナの場合も同様で、林のすぐ横のナノハナ畑が昆虫も多く撮影に適しています。

同じころ、田んぼに咲くレンゲには、驚くほどたくさんの昆虫たちが集まっています。最も多いのはミツバチです。レンゲの花にミツバチがとまると、花弁が下がって花粉がハチのお腹に付きます。レンゲにとってはミツバチぐらいの大きさのハチが存在することがとても重要です。

レンゲにはチョウの仲間もたくさんやって来ます。モンキチョウ、スジグロシロチョウ、ベニシジミなど、この季節に出るチョウは蜜の多いレンゲが大好きです。とくに多いのはモンキチョウです。見ていると蜜を吸うだけでなく卵も産んでいます。メスにとっては蜜と産卵植物であり、オスにとっては蜜とメスがいるのですから、たくさんいて当然でしょう。けれどこのレンゲ畑は、やがて水が入って田んぼになってしまいます。モンキチョウはそんなことは知りません。

　晴れて風のない日に丘の上に行けば、ヒオドシチョウやクジャクチョウが翅を広げて日光浴をしているのに出会うこともあります。そんなチョウの仲間に会ったら、そっと近づいて、手のひらで影を作ってみましょう。影になると体温が下がるので、閉じていた翅を開くところが観察できるかもしれません。同じ場所で、キアゲハもよくテリトリーを張っています。

　テリトリーを張っているチョウは、他のチョウが視界に入ったとたんに飛び立って、激しい空中戦を展開します。あまりに激しく追いかけ合いをするので、すぐに翅がぼろぼろになってしまうほどです。石を投げたりすると、茂みから何匹ものチョウが飛び立って石を追います。テリトリーを張っているチョウは、動くものなら何でも追いかけ、小鳥が飛んだだけで空中高く舞い上がったりします。チョウは動くものにとても敏感ですが、細部までは見分ける目は持っていないようです。

翅を閉じているヒオドシチョウに手のひらで影を作ったら翅を開きました。

クマバチ

　サクラの花の終わるころ、丘の上では恐ろしそうに見える毛むくじゃらの大きなクマバチがぶんぶんと大きな羽音を響かせてホバリング（空中停止飛行）をしています。他のハチが近くに来ると、ものすごいスピードで追いかけていきます。

上空を飛ぶ鳥を追いかけることもあります。目の前でぶんぶんするからちょっと恐いけれど、捕まえても刺すようなことはありません。実は丘の上でホバリングしているクマバチはすべてオスなのです。ハチの毒針は産卵管が変化したものですから、オスは刺さないのです。クマバチはとてもおとなしいハチで、メスも手でつかめばさすがに刺しますが、向こうから人を襲って来るようなことはありません。攻撃性の強いクマンバチと混同してしまう人もいますが、クマンバチは黄色と黒の縞模様の大型のスズメバチの別名です。

ホバリングしているクマバチは近づいても逃げない場合が多く、標準ズームや広角レンズでも撮影が可能です。もちろん遠くから撮影するには望遠ズームを使います。ホバリングしているクマバチは背景が空ならAFも効きますが、通常はMFでピントを合わせながらシャッターを押します。

クマバチが丘の上を占有し、ぶんぶんと羽音を立てて飛びますが、怖がることはありません。

サクラの花が咲くころの雑木林はまだ緑が浅く、林床まで日が射しています。この季節はスプリングエフェメラルと呼ばれるカタクリやスミレが咲き、この季節だけに出るギフチョウやヒメギフチョウが活動します。

冬の間はチョウにほとんど会えなかったので、チョウの好きな人はギフチョウとの出会いをとても楽しみにしています。ギフチョウは日本の本州だけに住むアゲハチョウの仲間です。翅を広げた大きさは6センチメートルぐらい、明治時代に岐阜県で初めて見つかったのでギフチョウと名づけられました。春にだけ花を咲かせるカタクリなどの花に蜜を求めて舞い降りる姿は、とても素敵です。日の光の入らない暗い杉林や手入れの行き届かない林には住むことができません。チョウの暮らしも人がどんな暮らしをするかに影響されます。

長野県や北の地域では、ギフチョウによく似たヒメギフチョウが住んでいます。ヒメギフチョウの幼虫の食草のウスバサイシンも、チョウの出現に合わせるように芽を出します。最初にヒメギフチョウを見るころにはほとんど芽を出していませんが、ヒメギフチョウがたくさん見られるようになるころには、葉は産卵に適した数センチの大きさになります。ヒメギフチョウがもし間違って半月も早く羽化してしまったら、まだ花も食草も準備されていません。半月遅ければ葉が伸びて暗くなった林はヒメギフチョウの生息には適さなくなってしまうのです。食草のウスバサイシンの葉も硬くなってしまっています。ヒメギフチョウの出現は植物にぴたりと時期を合わせているように見えます。

カタクリの蜜を吸うギフチョウ

ウスバサイシンに卵を産むヒメギフチョウ

ギフチョウやヒメギフチョウの有名な生息地は大勢の人が集まるので、広角やマクロレンズでは他の撮影者の妨げになるので、長めの望遠ズームが便利です。人がいない場所では広角レンズや魚眼レンズでねらえば、おもしろい写真が撮れます。

チョウの写真には通常フラッシュは使わないことが多いのですが、ギフチョウやヒメギフチョウに限っては、ぼくはよくフラッシュを使います。というのは毛深いチョウのため、フラッシュを使わないと胸や頭がはっきり写らず、なんとなくぼやーっと眠たく写るからです。また産卵などのときも葉や母チョウの影で、卵が見えにくいので、フラッシュを使いメリハリを付けます。

土手や農地の近くではツマキチョウが飛んでいます。ツマキチョウも年1回、春に出るチョウです。幼虫はナノハナやコンロンソウといったアブラナ科の蕾や花、実を食べます。同じようにアブラナ科を食草とするチョウでも、モンシロチョウならば葉を食べるのに、ツマキチョウは餓死しても葉を食べることを拒むのです。アブラナ科のほとんどの植物は初夏に実をつけると枯れてしまいます。枯れなくても野生のものでは花を咲かすものはほとんどありません。つまりツマキチョウの食草としては不適当です。食性を変えない限りは、ツマキチョウはこの季節にしか出て来ることができないわけです。

年一度しか出ないチョウは、春だけに出るわけではありません。5月にだけ見られるウスバシロチョウ、6月にだけ見られるヒメシジミ、アカシジミやミドリシジミ、7月にだけ見られるヒョウモンチョウやオオムラサキ、8月にだけ見られるベニヒカゲと、毎月のようにその月限定版のチョウが現われるのです。これらのチョウの中にはウスバシロチョウやヒメシジミのように卵で越冬するものもいますし、ヒョウモンチョウ、ベニヒカゲ、オオムラサキのように幼虫で越冬するものもいます。オオムラサキはわずか1か月あまりの成虫の期間を過ごすために、およそ11か月もの幼生期を過ごすのです。

一方、ヒオドシチョウやヤマキチョウのように成虫の期間が10か月近くもあり、幼生期は他のチョウ同様に短いものもいます。でもこれらのチョウは活動している時間はそれほど長いわけではありません。ヒオドシチョウは6月に成虫になるとしばらく活動しますが、夏の間は山の上でたまに見かけるぐらいで、ほとんど見ることはありません。次に見られるのは秋にほんのわずかで、本格的な活動は翌年の4月です。ヤマキチョウの場合は8月に羽化しますが、9月末には活動を停止し、次に現われるのは5月になってからです。

年に何回も出るチョウでも、冬を過ごすには特別なメカニズムが必要でしょう。アゲハチョウは蛹で冬を越しますが、夏の蛹は1週間でチョウになるのに、冬を越す蛹は6か月近くも蛹のままで

ツマキチョウも年1回春だけに活動するチョウです。

いなければなりません。小諸では10月に蛹になるものはまず越冬蛹です。10月といえばまだまだ暖かいのですが、蛹はちゃんと冬が来ることを予知しているようです。この蛹を、寒そうだからと暖かいところにずっと置いておいても羽化しません。それどころか、暖かな場所に置かれた蛹は春になってもチョウになることができません。暖かいところに置くことは、蛹にとっては死を意味するのです。アゲハチョウやモンシロチョウの越冬蛹は、ある一定の期間低い温度にさらされないとチョウになれません。

どうして冬が来る前に幼虫は冬が来ることを知るのでしょうか。実はチョウの幼虫は何も知りません。すぐにチョウになる蛹になるか越冬する蛹になるかは、実は季節が決めているのです。秋になると日長はだんだんと短くなります。気温もだんだん低くなります。このうち、主に日長がその幼虫がどちらのタイプの蛹になるかを自動的に決

モンシロチョウの蛹。(右)越冬蛹と(上)夏の蛹。

羽化しておきあがるハルゼミ。このあと翅がのびてきます。

めるのです。

5月は気持ちのよい新緑の季節です。このころはどこへ行っても昆虫が多く、とくにチョウやガの幼虫、きらめく翅を持つ小さな甲虫など、伸びたばかりの葉を食べる昆虫たちに出会うことができます。こうした昆虫の観察は雑木林の周辺が一番です。針葉樹の林は虫が少ないので、コナラやクヌギなどの広葉樹の林を探すのがよいでしょう。昆虫たちは食べる植物が決まっているものが多いので、植物の種類が多い雑木林の林縁は昆虫観察に好適な場所です。

しかし、松林限定の昆虫もいます。ハルゼミは体長が3センチメートルほどの小型のセミです。ゴールデンウィークのころから6月末ごろまで松林でセミの声を聞いたら、それがハルゼミです。「ムゼー・ムゼー・ムゼー」と連続的に大きな声で鳴いています。俳句の季語では「松蝉」と呼ばれることもあります。


ハルゼミは黒くて小さいので、声は聞けても姿を見るのも写真を撮るのもけっこうむずかしいと思います。チャンスは朝早くか薄暗くなったころ、ハルゼミの住む松林に行ってみることです。もしかしたら羽化したばかりのハルゼミに出会うことができるかもしれません。セミの羽化はとても美しく、まるでガラス細工のような半透明のセミが殻から抜け出してきます。夜の撮影ではフラッシュを使います。LEDライトでもよいでしょう。夜の雰囲気を出すには背後から光を当てることです。フラッシュかLEDの懐中電灯を2灯使い、正面から弱く、背後から強く当てると、翅の透明感を出すことができ、雰囲気のある写真が撮れます。

小さな昆虫を撮るには接写の効くコンパクトデジタルカメラが一番簡単です。スマートフォンは、大きく写せないので、後で名前を調べるのに困ることがあります。

Column 9 インターバルタイマーでの撮影

　昆虫の羽化や蛹化などの撮影は基本観察しながら撮影するのがよいのですが、どうしてもつきっきりでできない場合や、殻が割れる一瞬を逃したくないなどの場合は、インターバルタイマーを使うと確実にその場面を撮影することができます。とくに蛹化の場合は、その場から蛹が移動することはないので、確実に撮影できるのです。

　蛹化の場合、撮影間隔は5秒でも10秒でもよいのですが、タイムラプス動画も作りたい場合の撮影間隔は2秒ぐらいがよいと思います。

　羽化の撮影は、羽化が始まって翅が伸びるのがとても速いので、最低5秒、できれば2秒ぐらいに設定します。インターバルタイマーはたいていのカメラにある機能ですが、カメラによっては

オオゴマダラの蛹化をインターバルタイマーで撮影しました。撮影間隔は2秒に設定。20枚に1枚、つまり40秒ごとに1枚選びました。形が完成するのには時間がかかります。

撮影終了まで約2時間半かかりました。

９９９枚までしか撮れない機種もあります。ぼくの場合は９９９９枚まで撮影が可能なパナソニックのＬＵＭＩＸ ＧＨ５を使っています。フル画素で撮れば４Ｋのタイムラプス動画も作成が可能です。

また、長い時間撮影を続けるには内蔵バッテリーだけではもちません。内蔵バッテリーを入れ替えての撮影は考えず、ＡＣアダプターを使うか、野外では外部電源を工夫する必要があります。

産卵するヒメツチハンミョウ。卵が見えるようにそっと側面の土を取り除いて撮影しました。

ツチハンミョウの不思議

春に野山を歩くと、土の上をのそのそと歩いている、るり色の昆虫に出会うことがあります。ツチハンミョウは翅が退化してしまって、飛ぶことのできない甲虫の仲間です。触ると黄色い汁を出しますが、その汁は毒なので、見つけても素手で触らない方がよいでしょう。

有名な昆虫学者のファーブルはツチハンミョウの生活を明らかにしました。ツチハンミョウの仲間はたくさんの卵を産みます。卵を産むところを観察したところ、3時間かかって5000個もの卵を産みました。1回に産む卵の数としては昆虫の中で多分一番多いのではないでしょうか。

孵化したツチハンミョウの幼虫は、草を登って花の中に潜り込みます。そして花にやって来たハナバチのメスにしがみついて、巣に運ばれていくのです。たくさん卵を産まないと幼虫はハチの巣にたどり着けないのでしょう。幼虫は、ハチの巣の中でハチの卵やハチが集めた花粉を食べて育ちます。

葉っぱを巻く昆虫、オトシブミ

新緑がまぶしい季節、林の中を歩けば、葉で作られた小さな丸い筒が落ちているのを見つけることができます。揺藍《ようらん》と呼ばれるこの筒は、オトシブミが子供のために用意した隠れ家であり、食べ物です。

オトシブミが見られる季節は葉が伸びきる時期です。充分大きく成長し、まだ柔らかな葉を選んでオトシブミは葉を巻きます。オトシブミも種類によって葉を巻く植物が決まっています。上を見上げてクリの木があればナミオトシブミ、ケヤキだったらルイスアシナガオトシブミです。

　オトシブミのお母さんは、まず葉の縁を歩いて、ちょっと葉をかじったりして、その葉が自分の巻く植物であることを確かめます。同時に脚で引っ張ってみて硬さを確かめるのです。それから葉の中央を下から上に歩き、葉の長さを確かめます。それから葉の付け根に近い部分に切り込みを入れ、葉をちょっとしおらせ、折り紙で折れ線を入れるように、葉をかんで傷を付けていきます。それが終わると、脚と口だけを使って実に器用に葉を巻いていくのです。

　最初から最後までその様子を撮影したいと思いました。まず、葉を切っているけれどまだ葉を巻いていないオトシブミをさがします。下に手を置き、葉をちょっと揺すると、オトシブミが手のひらに落ちました。そっとそのまま見守ると、オトシブミは飛び立って、近くの葉にとまります。そんなことを繰り返しているうちに、再び葉を選んで巻き始めたのです。昆虫は一度行動のスイッチが入ると、途中で中止ができないようです。ただし、強くつかんだりすれば、その後、再びスイッチが入ることは稀です。そんなことを知っていれ

上／クリの葉を切っているナミオトシブミ。下／ケヤキの葉を巻いたルイスアシナガオトシブミ。

ば昆虫の観察や撮影に役立ちます。

オトシブミはけっこう敏感なので、マクロレンズか望遠ズームで、少し離れて撮影するのがよいと思います。接写のできるコンパクトデジカメは5センチメートルぐらいまで被写体に寄らなければならないので、近づきすぎて逃げられてしまうことがあるからです。

キバネツノトンボ

5月から6月のよく晴れた日に明るい草原に行くと、あまり高くないところをかなりのスピードで飛びまわるトンボのような昆虫を見かけることがあります。大きな長い触角を持つ奇妙な姿の昆虫です。ツノトンボというのはこの触角が目立つことから付けられた名前で、トンボに似ているけれど、アリジゴクの親のウスバカゲロウに近い仲間です。

とまり方もトンボとはずいぶん違います。活動

草原を飛びまわるキバネツノトンボ。

中は翅を開いてとまり、休むときは翅を屋根型にとじてとまります。幼虫時代が長いので、その間に草原がなくなってしまったら、もうそこに住むことはできません。長野県など涼しい地域に多く、小諸では耕作を放棄されて草ぼうぼうになった畑などで出会うことができます。

梅雨から夏へ

梅雨の季節は雨が多いので、天気に恵まれないと昆虫にはあまり出会えません。けれど晴れると驚くほどたくさんの昆虫に出会うことができます。雨宿りしているチョウや雨に濡れたトンボの写真を撮ることもできます。チョウやトンボが雨の日に飛ばないのは体が濡れて飛べないのではなく、体温が上がらないからです。雨宿りしているといっても、かならずしも葉の裏で雨をよけているわけではありません。種類によっては草の間に潜り込んでしまうものもいますし、ただそのままとまって、濡れるがままにしているものもいます。

あるとき、モンシロチョウの雨宿りの写真を撮りに出かけました。モンシロチョウが大発生していた畑に行くと、近くの草などにいくつもとまっているのが見えます。葉の裏にとまっているものもいないことはないのですが、ほとんどのチョウはただ普通にとまっています。6月といえば気温も高いので、雨が小降りになると平気で飛び立っていきます。チョウの翅の鱗粉は瓦屋根のように

モンシロチョウが雨に濡れていましたが、日が射すとすぐに飛べるようになります。

重なっています。それで雨をよくはじきます。チョウはいつもレインコートを着ているようなものなのです。

梅雨の終わりごろには、カブトムシやクワガタムシも最盛期を迎えます。樹液の出ているクヌギの木には、昼にはオオムラサキ、夜にはキシタバの仲間やカブトムシ、クワガタムシが集まって来ます。

7月末になって梅雨が明けると、とたんに暑くなります。最初の1週間ぐらいは、夏の昆虫たちが勢揃いしてなかなか賑やかです。けれど毎日暑い日が続くと、昆虫たちの活動も鈍ってきます。変温動物である昆虫はあまり暑いのも苦手なのです。

ゲンジボタル

日が落ちてあたりが真っ暗になるころ、川の畔の草むらで小さな光が点滅を始めます。その光の主はゲンジボタルです。あたりが暗くなるにつれ、その数はどんどん増え、川に沿って光りながら飛ぶ様子はとても美しいものです。飛んでいるのはたいていオスで、メスは草むらで光りながらオスを待っています。

ゲンジボタルは本州から九州の水が綺麗な浅い川に住んでいて、年1回、5月末から活動を始めます。幼虫は川の中でカワニナという貝を食べて育ちます。

ゲンジボタルの光跡。こうした写真はマニュアルモードで、長時間露出で撮影します。その際、何枚かに分けて撮影し合成した方が、ノイズが少ない写真になります。単体の光っているホタルは三脚を使い暗闇の中で30秒ぐらいシャッターを開き、最後に絞りを絞ってフラッシュを光らせ、ホタルの全体像を撮影します。

ゲンジボタルの撮影は飛んでいる光の光跡を写すのが一般的です。暗闇での撮影になりますから、三脚が必要です。ピントは、ＡＦは使わず、距離を無限遠か、川や草むらに合わせます。絞りもマニュアルで開放にセットし、30秒ぐらいの露光をします。10秒ぐらいの間隔で撮影（インターバル撮影）し、あとでＰｈｏｔｏｓｈｏｐなどの画像レタッチソフトを使い、比較明合成という手法で画像を合成すると、綺麗な写真に仕上がります。この場合、高感度でのノイズ低減機能を切っておくことをお奨めします。そうしないと、連続撮影中にノイズ低減の処理に時間がかかり、連写の間隔にシャッターが開いていない時間ができるので、光が切れ切れになってしまうからです。

子育てをする甲虫

ダイコクコガネはオスとメスが協力して動物の糞を地下に蓄え、丸い糞球を作り、中に卵を産み付ける甲虫です。ダイコクコガネのお母さんは、大事な糞球にカビが生えたりしないように糞球の掃除をしたりして、子供が秋に成虫になるまで一生懸命世話をします。

子育てをする甲虫といえば、モンシデムシの子育ても、なかなかすごいと思います。初夏にヒミズやモグラなどの小さな動物の新鮮な死骸が落ちていることがあります。喧嘩して穴から追い出されてしまって、死んでしまったのでしょう。気持ち悪いと思わないでよく観察してみると、さまざまな昆虫が集まっていることがわかります。その中でひときわおもしろい行動をするのが、ヨツボシモンシデムシです。北海道から屋久島までの林でよく見られる15ミリメートルほどの甲虫です。

小さな動物の死体のところで出会ったモンシデムシのカップルは、死骸の下の土を掘ってまわりにかき出し、死骸を丸ごと地中に埋めてしまうのです。その作業は実に手早く、数時間で死骸の姿は見えなくなってしまいます。後には小さなモグラ塚のように、ほんの少しさらさらした土が盛り上がっているだけです。だから、山で見かける小動物の死体はほとんどが死んで間もないものです。もしモンシデムシがいなかったら、あちこちにひからびた死体が転がっているかもしれません。モンシデムシは森の掃除屋さんなのです。彼らは土の中でいったい何をしているのでしょうか。モンシデムシは動物の皮をはぎ、肉団子を作ります。卵は周囲の土の中に産み付けられ、幼虫が孵化すると、親虫はチイチイと音を出して幼虫を呼びます。そして集まってきた幼虫に吐き戻した餌（肉団子）を口移しで与えて、大きくなるまで育てるのです。まるで鳥の親子みたいな昆虫です。

　こうした昆虫の観察や撮影は、長い時間をかけ飼育して観察や撮影をします。カメラをセットしっぱなしで撮影するので、かなり大がかりな撮影になります。

上／ミヤマダイコクコガネの糞球作りの様子。下／ヨツボシモンシデムシの子供が、母親から餌をもらっています。

ハッチョウトンボ

　ハッチョウトンボは体長2センチメートル、世界一小さなトンボです。青森県から鹿児島県まで広い範囲に住んでいて、5月末ごろから9月ごろまでその可愛らしい姿を見ることができます。けれど見られる場所はごく限られています。ハッチョウトンボは一年中水が枯れることのない湿地で、しかも水の深さが5センチメートルほどの場所にしか住むことができないのです。

ハッチョウトンボの名前の由来は、名古屋市付近の矢田河原の八丁場に由来するという説があります。どうやら昔は身近なトンボだったようです。湿地が少なくなり、今では尾瀬などの湿原でのみ見られるトンボになってしまったのでしょう。

実際にはハッチョウトンボは生命力の強いトンボのようです。工事などで崖を削ったあとに湿地ができたりするとどこからか飛んできて、棲みつくこともあります。また各地で保護をしているので、そういった場所に行けば、容易にその可憐な姿を見ることができます。保護地ではハッチョウトンボに近づけないことが多いので、長めの望遠ズームを使用して撮るのがよいでしょう。水がきらきらしているところを背景にする場合は、絞りを開放にすると、水のきらめきが丸く写って綺麗な写真になります。

ハッチョウトンボは保護されている場所では撮影しやすいのですが、それ以外の場所にもいるのでさがしてみましょう。まずは保護地で、どんなトンボか、どんな環境を好むのかを見ておくのがよいでしょう。

Column ⑩ セミの羽化の観察

セミは夏の風物詩です。都会に住んでいても、梅雨が明ければアブラゼミやクマゼミがうるさいくらいに鳴いています。セミの羽化を観察するには、山の中より住宅地の近くの公園など、木があって地面に草が生えていない場所が最適です。

7月末から8月初めの昼間に地面を見れば、人差し指が入るぐらいの丸い穴が空いています。これはセミの幼虫が地上に出た穴です。穴が小さく、まわりがぎざぎざの穴はまだ中に幼虫がいる穴です。羽化する日の昼間には幼虫は少しだけ穴を開けて、様子をうかがっているのです。羽化の観察や撮影には夜の9時ごろが最適ですが、日が暮れてすぐに羽化を始めるものもいます。

穴から出た幼虫は木に登り、じっとします。大切な羽化のときなので、幼虫は

落ちたら大変と、体を揺すって、しっかりと木や葉にとまります。場所が決まって動かなくなってから、だいたい30分ぐらいすると羽化が始まります。殻を破った幼虫は、逆さまにぶら下がるような体勢になります。ここで15分ぐらい休みます。脚が固まるのを待っているのです。そしてやおら反り返って殻から体のほとんどを抜き、最後に自分の殻にとまって殻からお尻を抜いて殻から体全体を出すと、あっという間に翅が伸びてきます。

後でデジタルカメラのＥＸＩＦデータを見れば撮影時刻がわかるので、羽化の途中で何分ぐらい休むかとか、翅が伸びるのがとても速いとか、時間もいろいろとわかります。気温や湿度によって時間が変わるのかなども調べてみるのもよいでしょう。

Column ⑪ 樹液にくる昆虫の観察

夏の雑木林では、樹液にたくさんの昆虫たちが集まります。樹液を出す木はクヌギや、コナラ、ヤナギなどで、昆虫がもっとも多く集まるのは7月の初めから梅雨明け直後までです。

樹液は、昆虫などが木を傷つけたところから出ます。ボクトウガというガの幼虫は、樹液に集まる昆虫を食べるために木を内部から傷つけて樹液を出します。シロスジカミキリが羽化した穴からも樹液が出ます。また、スズメバチはすでに樹液の出ているところをかじって、樹液がとまらないようにします。カブトムシも口の根元付近の突起で、木を擦り樹液を出します。樹液は真夏になると乾燥して出が悪くなります。

昆虫の種類によって、集まる木には少し違いがあります。たとえばノコギリク

ワガタはクヌギの樹液にもやって来ますが、河原に生えるヤナギの木に多く見られます。これは多分ノコギリクワガタの産卵習性のためだと思います。ノコギリクワガタは砂が混じった土に埋まっている朽ちた木に産卵することが多いからです。

樹液に集まる昆虫を観察しようとした場合、デジタルカメラは撮影した時刻がデータに残るので、それを活用します。朝から晩まで、同じ樹液のところで定点撮影をすれば、どんな昆虫が何時ごろ、どのくらい集まるかなどを観察することができます。

昼
1 オオムラサキ **2** アオカナブン、シロテンハナムグリ **3** ルリボシカミキリ **4** ノコギリクワガタ **5** ヨツボシケシキスイ、ヨツボシオオキスイ **6** アシナガヤセバエ
夜
7 カブトムシ **8** ベニシタバ **9** ヤマトゴキブリ **10** キシタバ（翅を開いたところ） **11** キシタバ **12** クギヌキハサミムシ **13** ミヤマカミキリ **14** コクワガタ

オオムラサキ

オオムラサキは北海道から九州に住んでいる日本の国チョウです。オスはその名のとおり紫色に輝く翅を持っています。メスは翅を広げた大きさが10センチメートル以上もあり、オスより大きく、色は茶色で少し地味です。年に1回、6月末から7月末まで見ることができます。幼虫はエノキの葉を食べ、チョウになるとクヌギやコナラ、ヤナギなどの樹液、腐った果物などから汁を吸います。雑木林の多い里山と呼ばれる環境がオオムラサキの住む場所です。花にはまず来ないので、撮影はオオムラサキが集まる樹液の出ている木ということになります。

オスは朝や夕方、木の梢にとまって、なわばりを張ります。他のチョウが来るとすごい勢いで追いかけていきます。鳥さえ追いかけることもあり、その力強く飛ぶ姿はとても格好良いと思います。

クヌギの樹液に集まるオオムラサキ。オスは紫色です。

冬にエノキの木の落ち葉をめくると、幼虫がひっそりと越冬しています。人間が落ち葉を集めて燃やしてしまったりすると、オオムラサキの幼虫も死んでしまいます。エノキの木は大きくなるので、邪魔になって切られてしまうこともあります。

氷河時代の生き残りの高山蝶

信州の高山には、氷河時代にやって来て、日本が暖かくなって、涼しい山に取り残されたチョウがいます。高山蝶と呼ばれるチョウです。長野県の湯の丸高原や高峰高原などアクセスのよい場所にも、高山蝶のミヤマモンキチョウやミヤマシロチョウ、ベニヒカゲが見られる場所があります。

ミヤマモンキチョウは年に一度だけ、7月に浅間連峰と北アルプスの標高2000メートル以上の高山帯だけで見られる高山蝶です。

オスは黄色、メスは白色で、どこででも見られ

高山にだけに棲むミヤマモンキチョウの交尾(右がオス)。

るモンキチョウに似ていますが、翅に美しいピンク色の縁取りがあるのが特徴です。地球の温暖化が問題になっていますが、今より暖かくなると、ミヤマモンキチョウなど高山帯にしか住めない昆虫は、日本からいなくなってしまう可能性があります。

高山蝶の撮影は、一般的には望遠レンズが必要です。そして曇った日には飛ばないので、晴れた日に山に登ることが重要です。

ノコギリクワガタ、仲のよいオスとメス

子供たちに人気のノコギリクワガタは、大型のものでは体長7センチメートルを超える格好よいクワガタです。北海道から屋久島に住んでいて、沖縄や奄美大島にはよく似たアマミノコギリクワガタ、石垣島や西表島にはヤエヤマノコギリクワガタが住んでいます。

大アゴの形は体の大きさによってずいぶん違い

右／ノコギリクワガタのオスとメスは一緒にいることが多い。左上／ノコギリクワガタの口。左下／カブトムシの口。

ます。幼虫時代の育ち方によって変異があるのです。雑木林のクヌギやコナラの樹液や、河原の近くのヤナギの樹液にはとくに多く見られます。ブラシのような口は樹液を舐めるのに都合のよい形です。普段は体の中に引っ込めていて見えませんが、樹液の匂いをかぐと口を伸ばします。ノコギリクワガタの口はとくに長く、大きなアゴが湾曲しているので、口が長くないと樹液に届かないのでしょう。

樹液の出ている木では、たいていオスとメスが一緒にいます。オスは大顎の下にメスを入れ、ほかのオスにとられないようにしっかりと守っています。

クワガタムシは写真を撮ろうと近づくと、ぽろりと地面に落ちてしまうことがよくあります。危険を感じると脚を縮めて木から離してしまうのです。クワガタムシの撮影は、まずは離れたところから望遠レンズで、うまく撮れたら近づいて撮ってみましょう。クワガタムシはスマートフォンでも充分撮れる大きさです。

樹液にはカブトムシもやって来ます。ノコギリクワガタが、昼間も樹液にいるのに対し、カブトムシはたいてい夜だけ樹液にやって来ます。だからカブトムシを撮るにはフラッシュが必要な場合が多いのです。ただ、見つければクワガタのように落ちてしまうことはないので、カブトムシの撮影は比較的楽です。

都会のセミ

7月末から8月に、都会の公園に行くと、うるさいほどのセミが鳴いています。東京では「ミーンミンミン」とミンミンゼミの声がビルの谷間にこだましています。大阪や福岡に行けばセミの種類が変わって、一番目立つのが「ワシワシワシ」と大きな声で鳴くクマゼミです。

ミンミンゼミやクマゼミは朝から午前中一杯が

ミンミンゼミは関東以北の都会に多く生息しています。

賑やかです。「ジー」と大きな声で鳴くアブラゼミが一番うるさいのは夕方です。セミによって鳴く時間も異なるのです。都会にはあまりいない「カナカナカナ」とよく響く声で鳴くヒグラシは、早朝と日暮れどきにしか鳴きません。好きな木も種類によって異なり、ミンミンゼミやアブラゼミはサクラやケヤキが大好きです。クマゼミはホルトノキやケヤキに集まります。

セミの観察や羽化の撮影には都会の公園が一番です。田舎の場合は神社やお寺がよいでしょう。林の中ではセミは撮影がしづらく、近づくと逃げられたりします。セミの数の多い都会では、スマートフォンやコンパクトデジカメで、近づいて撮ることができます。

トックリバチ

泥で作られた、とっくりのような形の小さな壺が、木の枝や草に付いているのを見たことはありませんか。この壺を作ったのはトックリバチというハチです。トックリバチは誰に教わることなく、生まれつき、壺の作り方を知っているのです。

トックリバチのお母さんは、巣作りに適した場所をさがし、水たまりなどで水を飲みます。それから地面に降りて、その水を吐き出して泥をこねて、巣を作る場所に運ぶのです。そして何回も何回もその作業を繰り返し、美しい壺を完成させます。壺が完成するには2時間以上かかります。以前観察した大型のトックリバチの場合は、4時間ぐらいかかりました。

壺は子育てのための部屋です。壺が完成すると、おしりを壺の中に差し込み、卵を1個天井からぶら下げるように産みます。

それから小さな青虫を捕まえてきて壺の中に蓄えるのです。壺の中が青虫でいっぱいになるまで、その作業は続きます。ぼくが観察したキボシトックリバチのときは、13匹もの青虫を運び入れていました。ハチは狩りが終わると、最後にまた泥のかたまりを持って来て壺の入り口を閉ざし、どこかへ飛び去ってしまいます。卵からかえったハチの幼虫は青虫に食いつき、1匹ずつ食べていきます。ハチの成長はとても速く、10日後にはもう蛹になりました。夏の暑い盛りだから、獲物の青虫が腐ってしまうのではないかという心配は無用です。青虫は死んでいるわけではなく、ハチに刺されて麻酔をかけられているだけで生きているのです。このことを発見したのはファーブルです。

こんなに手間をかけて、子供たちのために部屋と食べ物を用意しても、子供が無事に育つとは限りません。別のときに見かけたのですが、恐ろし

キボシトックリバチの巣作り。1 土をこねる。2 こねた土で巣を作る。3 最後につばを付けてトックリ型の巣にする。4 卵を産み付けたあと青虫を集めてくる。5 時には寄生バチにやられてしまうこともある。6 巣の中で大きく育った幼虫。

いヒメバチがやって来て、産卵管を巣に差し込んでいました。ヒメバチの仲間は、他の昆虫の幼虫などに卵を産み付ける寄生バチの仲間です。

ヤママユ

ヤママユは翅を横に広げると15センチメートルほどもある大きなガの仲間です。幼虫は大きな青虫で、クヌギやコナラなどの葉を食べます。幼虫は繭を作り蛹になります。その繭からはとても綺麗な絹糸が採れます。この絹糸は高価で、天蚕と呼ばれ飼育をしているところもあります、

ファーブル昆虫記の中にも、ヤママユに近い仲間のオオクジャクサンというガが出てきます。ある夜、ファーブルは研究室の中をたくさんのオオクジャクサンのオスが飛びまわっていてびっくりしました。メスが匂いを出してオスを呼んだのだろうと考えたファーブルは、いろいろな実験をして、そのことを確かめたのです。今ではその匂い

ヤママユのオスの触角は羽毛状で広い面積を持ち、これでメスの出すフェロモンを嗅ぎつけます。

はフェロモンと呼ばれ、羽化したばかりのメスが、おしりにあるフェロモン腺と呼ばれる器官から出すことがわかっています。

ヤママユのオスの触角は、まるで鳥の羽毛のような形をしています。これはメスの匂いをかぎつけるためのアンテナです。面積を広げることで遠くから匂いをかぎつけることができるのです。

秋のきざし

お盆を過ぎても、平地は暑い日が続きますが、標高2000メートルほどの高原に行くと、すでに秋風が立っています。ぼくはお盆のころからは、高原で撮影することが多いです。

咲き始めたヒヨドリバナにアサギマダラがたくさん集まっています。高山蝶のベニヒカゲも飛んでいます。ベニヒカゲは日本の高山蝶の中では一番普通に見られるチョウで、ぼくのフィールドの中では長野県小諸市の高峰高原にたくさんいま

右上／ファーブルが観察したオオクジャクサン、下はアーモンドの木にいた幼虫です。
左上／日本のヤママユの交尾の様子。下はコナラの葉を食べる幼虫です。

す。ベニヒカゲが出始めると、もう秋が間近だなと思うのです。

浅間山麓にはソバ畑が多く、花が満開になる8月末から9月中ごろまでは、どのソバ畑にもチョウがたくさん集まっています。一番多いのはイチモンジセセリですが、ヒョウモンチョウの仲間も日増しに数が増えてきます。ヒョウモンチョウの仲間は、真夏は高原で避暑をして、8月末に山から下りて来ます。9月初めに小諸のぼくのアトリエの庭や雑木林の中の道を歩くと、葉と実の付いたクヌギの小枝が落ちています。これはハイイロチョッキリという小さな甲虫がドングリの中に卵を産み付け、その枝を切り落としたものです。こうした昆虫たちの営みからも季節を感じます。

ハイイロチョッキリは体長8ミリメートルほどの小さな甲虫で、切り落とす枝はハイイロチョッキリの胴体よりちょっと細いぐらいです。もしハイイロチョッキリが人間ぐらいの大きさだった

右／ベニヒカゲは8月中旬以降に現われる高山蝶です。左上／コナラのどんぐりに卵を産みつけるための穴を開けるハイイロチョッキリ。左下／8月末から9月にかけての路上には、ハイイロチョッキリが切り落としたドングリ付きの小枝がたくさん落ちています。

ら、この枝は直径30センチメートルもの木に相当することになります。ハイイロチョッキリは自分の口を使ってこの枝を切るのです。そのパワーには驚いてしまいます。

世界一猛毒のオオスズメバチ

日本で一番恐ろしい昆虫は、オオスズメバチです。スズメバチの中で一番大きく、女王蜂の大きさは4センチメートル以上もあります。世界で最も毒の強いハチで、秋に生まれた新しい女王だけが冬を越し、春に巣作りを始めます。最初は女王だけで子育てをしますが、やがて働きバチが生まれると、女王は外に出なくなります。卵を産み続けるので、9月から10月末ごろには巣は巨大になります。この時期はとくに危険で、巣のある場所を知らずに近づいただけで襲われることもあります。刺されたショックで死んでしまうことすらあります。人によってはとくに2回目に刺されると

樹液に来ているスズメバチは、危険は少ないのですが充分注意しましょう。

危険が増すといわれます。

オオスズメバチが何匹か地面の近くや木のうろの近くを飛んでいたら、巣があるかもしれないので、絶対に近づいてはいけません。樹液の近くなど巣以外の場所では、手を出さない限り襲って来ることはほとんどありませんが、それでも刺されることがあります。

スズメバチの中には、もっと小さくて危険のないハチもいます。その一つ、長野県などでヘボと呼ばれる小さなクロスズメバチの幼虫はおいしいので、蜂の子として昔から珍味にされています。蜂の子を採るには、巣をさがさねばなりません。まずは木にイカや魚を吊るします。ハチはその肉を団子状にして巣に持って帰るのですが、そのときにこの餌にこよりなどで目印を付け目立つようにして、ハチを追いかけるのです。林の中を大人たちが上を向いて走っていくのは滑稽ですが、とても楽しい遊びのようです。

カマキリ、命がけの結婚

日本には9種のカマキリが住んでいます。身近で普通に見られるカマキリはオオカマキリ、チョウセンカマキリ、コカマキリ、ハラビロカマキリの4種です。北海道ではこのうちオオカマキリだけが見られます。オオカマキリとチョウセンカマキリはとてもよく似ています。怒ったときに見える後翅が褐色なのがオオカマキリ、薄い黄色なのがチョウセンカマキリです。オオカマキリは林の近くの草地に多く、チョウセンカマキリは田んぼや河原などの開けた場所で多く見られます。ハラビロカマキリは愛嬌のある顔をした小型のカマキリで、木の上に住んでいます。

カマキリは他の昆虫を食べる肉食の昆虫で、交尾しようと近づいたオスがメスに食べられてしまうこともあります。メスの方が大きく体格がよいので、オスにとって結婚は命がけのようです。

ハラビロカマキリでは、交尾しようと近づいたオスはほとんどが食べられてしまうという話もあります。オオカマキリでもときどき頭のないオスがメスと交尾しているのを見ることがあります。

以前、オオカマキリの交尾をビデオで撮影しようと、別々に飼育していたオスとメスをベランダに放してみました。しばらくにらみ合っていたのですが、突然、オスは正面からメスに飛びかかりました。その瞬間、メスの鎌が振り下ろされ、哀れなオスはメスに捕らえられてしまいました。メスに頭をかじられながらもオスは必死で交尾を試みます。そして何と交尾に成功したのです。これにはぼくもびっくりしました。頭をかじられてもオスはしばらく生きているので、交尾はうまくいったようです。

ホウジャク

空中に静止しながら、長い口で花の蜜を吸って

メスと交尾しようとしたオオカマキリのオスは、頭を食べられてしまいましたが交尾は成功しました。

いる不思議な昆虫を見たことはありませんか。ものすごいスピードで花から花へと移動しながら蜜を吸っています。翅を広げると6センチメートルほどあるものが多く、胴が太いので大きなハチのようにも見えます。

この昆虫はスズメガ科に属するホウジャクというガの仲間です。他のスズメガと違いホウジャク類は昼間に活動します。ホウジャクの仲間は日本全国に住んでいて、年に2回発生するものが多いのですが、6月ごろと、9月から10月ごろに多く見られます。翅が茶色っぽいものはホウジャクやヒメクロホウジャクなどで、翅が透き通っているのはオオスカシバやスキバホウジャクです。オオスカシバは暖かな地方に住み、東京の都心などにも多く見られます。盛夏のころは幼虫で、庭や公園のクチナシの木に大きな青虫がいたら、それはオオスカシバの幼虫です。

ホウジャクは漢字で書くと蜂雀です。蜂雀はハ

10月にまだヒャクニチソウが咲いていて、ホウジャクが蜜を吸っていました。

チスズメとも読むことができます。ハチスズメと読むと、これは南米に住むハチドリのことになります。ハチドリもホウジャクと同じように空中で静止飛行をしながら花の蜜を吸う鳥です。ホウジャクを見て、ハチドリだと思う人もいるようです。蜜を吸う様子が似ているだけでなく、漢字でも同じように書くので間違えられるのではと思います。ホウジャクもハチドリも翅を上下に羽ばたかすと同時に八の字を書くように前後にも動かし、空中に静止することができるのです。

秋の田んぼ

稲は9月に入ると黄金色に色付き始めます。このころ田んぼにはたくさんの昆虫たちが集まってきます。エサが豊富だからです。一番目立つのはアカトンボの仲間です。田んぼにはイネに害を与えるツマグロヨコバエやウンカの仲間なども発生しています。アカトンボはそういった昆虫を求めて集まって来るのです。

アカトンボの仲間の多くは田んぼで生まれ、秋に田んぼで卵を産みます。卵は乾燥に強く、冬に水を落とす田んぼでも耐えることができます。アカトンボが日本で繁栄している理由の一つは田んぼが多いからです。けれど幼虫で冬を越すトンボは、冬に水を落とす田んぼでは生きていくのはむずかしいのです。ですからハッチョウトンボのように浅い水を好み幼虫で越冬するトンボは、湿地が水田に取って代わるにつれ、日本から姿を消していったのです。人間の生活が、同じトンボでもあるものには有利に、そしてあるものには不利に働くのです。

ぼくが学生だった50年ほど前には、田んぼの昆虫はどんどん減っていました。それは農薬の使用量が増えた時代と一致しています。最近では、農薬の使用量は以前とくらべれば減り、残留性の弱い農薬が使用されるようになってことでだいぶ回復してきているのでしょう。けれど人間に害が少なくてもアキアカネには効いてしまう農薬もあり、アキアカネが減ってしまった地域もあるようです。

コメがたわわに実った田んぼの畦を歩いていると、ざわざわという音がして、たくさんのイナゴが飛び跳ねます。ぼくがまだ4歳のころ、家族でピクニックをかねてイナゴ捕りに行ったことがあります。捕ったイナゴはフライパンで炒めて食べました。日本がまずしくてタンパク質が足りなかったころで、少しでも栄養をとの祖母の発案でした。イナゴを見るといつもそのときのことを思い出します。

日本ではイナゴは昔からタンパク源の不足しがちな山間部などでは食料にされていました。イナゴはイネやススキの葉を食べますが、お米そのものを食べるわけではないので、大発生しなければひどい害にはなりません。イナゴが食べたイネの

稲刈りが終わりかけた田んぼで、コバネイナゴが交尾をしていました。

葉はイナゴの肉に変わります。イネの葉は食べられませんが、イナゴなら食べられて栄養になるのです。昔から日本人はイナゴとお米と上手に付き合ってきたんだなと思います。イナゴを捕まえるにはイネを刈った直後の田んぼに行くのがよいと思います。イネが刈られてしまうと、イナゴは刈り取られた後の切り株や畦の雑草にいるので捕まえやすいのです。

イナゴは1970年代には全国的に減ってしまいました。最近は強い農薬が使われたせいなのかなと思います。農薬の強さや量も減って、イナゴもそれに伴いまた増えてきました。けれど今でもイナゴがほとんどいない田んぼ、逆にたくさんいる田んぼがあります。イナゴの多い田んぼは農薬の使用量が少ないのではないでしょうか。イナゴがたくさんいる田んぼのお米は安全なのではないかと思います。

アキアカネの産卵

イネ刈りが終わった田んぼに行くと、アカトンボが2匹つながって飛んでいる光景を見ることがあります。前日に雨が降って、田んぼに水がたまっている場所があればしめたものです。青空をバックに、つながったままのアカトンボが次々と飛来します。前がオスで、後ろがメスです。

水たまりを見つけたアカトンボのカップルは、オスが「よいしょ」という感じで体をスナップすると、メスがおしりの先を水たまりに打ちつけます。卵を産んでいるのです。このアカトンボはアキアカネです。アカトンボにはたくさんの種類がいます。よく似たナツアカネは、もう少し早い時期にイネがまだ刈られていない田んぼで、オスとメスがつながったまま、空中から卵を産み落とします。

卵は乾燥にも耐え、翌年、田んぼに水が入ると孵化します。6月末から7月初めに成長したヤゴはイネを登り、羽化してトンボになります。アキアカネは人が田んぼを作ることで増えたトンボだと思います。冬に水を抜いてしまう田んぼでは、幼虫で冬を越すトンボは生きていくことがむずかしいので、競争相手も少なくなります。アキアカネが暮らしやすい環境を、人が田んぼを作ることで増やしたのではないでしょうか。

夏に標高の高い高原に行くと、アキアカネがたくさん群れています。色は黄色でまだ赤くなっていません。夏の間涼しい高原で過ごし、9月末になると赤く色付き、生まれ故郷の田んぼを目指して山を下りて来るのです。アキアカネは平地と山を行き来して暮らすトンボなのです。

冬を越す昆虫、越せない昆虫

10月の中旬を過ぎると一気に秋が深まります。朝夕の気温は10度以下に下がります。寒いのは昆

イネ刈りの終わった田んぼに、10月の雨の降った翌日の晴れた日に行けば、アキアカネが群れで産卵に来ています。

虫たちとて同じことです。虫は変温動物なので、もっと寒いかもしれません、昆虫は太陽エネルギーを利用するか、体を動かすことで体温を上げないと活動できないのです。

この季節は早春と同じように、昆虫たちは日向ぼっこをします。日当たりのよい場所では成虫で冬を越すシータテハやヒメアカタテハが翅をいっぱいに開いて太陽の熱を吸収しようとしています。アキアカネやノシメトンボが日の当たる木の幹や電柱にたくさん集まっています。ハナアブやオツネントンボも日だまりにとまって暖をとっているようです。この後に待っている運命はといえば、虫の種類によって異なることになります。シータテハ、ハナアブ、オツネントンボは成虫で冬を越し、来年の春の陽光を見ることができます。けれどアキアカネやノシメトンボは霜が来るとともに命を落とすことになるのです。

11月になるとますます昆虫の数は減っていきます。けれどこのころになって初めて登場する昆虫たちもいます。クヌギの木の幹をせかせかとはいまわっているのはクヌギカメムシです。クヌギカメムシは夏の間、木の高いところにいてゆっくりと成長します。夏は木の下には降りて来ないので滅多に見ることはありません。木々の葉が色付き始めたころに木の幹を降りて来ます。歩きまわっているのはメスを探すオスです。メスは木の樹皮の窪みにゼリー状の物質で覆われた卵をたくさん産みます。幼虫はまだ木々も芽吹かない早春に孵化し、4月末まではこのゼリーを食べて生きるのです。

コマダラウスバカゲロウの幼虫

苔の生えた岩を何かいないかなと眺めていたときのことです。岩の上を歩いていた小さなハチが突然何かに捕まってしまいました。よく見るとそこには苔そっくりな虫が潜んでいて、大きな大アゴでそのハチをしっかりと捕まえていたのです。

形はウスバカゲロウの幼虫のアリジゴクにそっくりです。調べてみると、コマダラウスバカゲロウというウスバカゲロウの仲間の幼虫であることがわかりました。ウスバカゲロウの幼虫は砂地などにすり鉢型の巣を作って、その中に落ちて来る昆虫を捕らえて食べるアリジゴクと呼ばれるものが普通ですが、コマダラウスバカゲロウのように巣を作らないものもいるのです。

岩に生えた苔に、何とよく似ているのでしょうか。じっと目をこらすと他にもたくさんの幼虫が見つかりました。近くの木に生えた苔の中にも幼虫は潜んでいました。場所によって苔の色も幼虫の色も異なります。アップで写真を撮ってみてわかったのですが、幼虫の背中には、どうやらまわりの苔が付いているようです。

動かないでじっとしているので、苔が生えてしまったのではとも思いたくなりますが、背中に砂

コマダラウスバカゲロウは巣を作らないアリジゴクの仲間で、カムフラージュの名人です。

粒を付けた幼虫もいました。どうやらまわりの苔や砂粒などを背中に乗せてカムフラージュしているようです。敵に見つからないのはよいのですが、こんなところに隠れてじっとしていて、充分な餌が採れるのかと心配になります。成虫は6～7月に見られますが、同時に大きな幼虫も小さな幼虫もいるので、餌の量によって幼虫の期間も変わるのではないかなと思います。

テントウムシの冬越し

秋遅くのよく晴れた日に、電柱のまわりをたくさんのテントウムシが飛んでいるのを見ることがあります。テントウムシが集団で飛んでいるのは、たいていは山あいの谷間で、谷に沿って一定の方向に群れで飛んでいきます。ぼくが活動している長野県では、初霜が降りるころの10月の下旬から11月の中旬が、テントウムシの集団飛翔が見られる時期ですが、もっと暖かな地域では12月に

ナミテントウは集団で冬を越しますが、その前に日当たりの良い電柱などに集まることが多いです。

入ってても見ることができます。

以前、前日の雨が上がり、嘘のような青空が広がった日、小さな虫がたくさん飛んでいるのを見つけました。よく見るとそれはすべてテントウムシだったのです。

とある谷に入ると、その数はますます増えていきました。そしてある場所を境にして、それまで谷の下部から上部へ飛んでいたのが上から降りて来るように、そのあたりの電柱ではものすごい数のテントウムシが飛び交っていました。

テントウムシが電柱に集まるのは冬越しをする場所を探しているのです。ときには電柱に開いた穴の中で越冬することもあるようですが、このときは夕方近くなるとまたどこかへ飛んでいってしまいました。

どこで越冬しているのかと、冬になってからさがしてみると、崖の岩の間や、コンクリートでできた小屋の扉の下などで身を寄せ合うようにして冬を越しているところを見つけました。それから毎年テントウムシの集団飛行を観察していますが、あんなにたくさんのテントウムシがいったいどこから飛んで来るのか、未だにわかりません。

秋遅くに登場するウスタビガ

冬の雑木林で、木の枝にぶら下がった美しい緑色の繭を見かけることがあります。まわりに緑の葉がないので、とてもよく目立ちます。昔、塩やお米を入れるのに使われたカマスと呼ばれた袋に形が似ているので、山カマスとも呼ばれます。この繭を作ったのがウスタビガの幼虫です。実は、冬に見かけるこの繭の中身は空っぽです。

秋遅く、雑木林が色付くころ、大きな黄色いガが明かりに飛んで来て驚くことがあります。これがウスタビガです。北海道から九州の雑木林に住む、翅を広げると10センチメートル近くある大きなガです。ウスタビガはこれから寒くなる秋遅くに羽化してくる変わり者です。食べるものもないこんな季節に成虫になってかわいそうにと思う人もいるかもしれません。けれどウスタビガは毎年秋にだけ成虫になるのです。羽化した成虫は何も食べず、次の世代を残すためにオスはメスを探し、メスは卵を産むことに専念します。

ウスタビガは卵で冬を越します。冬の雑木林で

ウスタビガのメスは羽化すると、その場にオスがやって来て交尾します。羽化した後の繭には卵が産み付けられていることが多いです。

秋限定で出現するウスタビガは、黄色く色づいた林の中では目立ちません。

見つけたウスタビガの繭に卵が付いていることがありますｰ羽化したメスが、その場でやってきたオスと交尾し、卵を産んだのでしょう。春に孵化した幼虫はコナラやカエデなど広葉樹の葉を食べます。幼虫に触ると、キーキーと音を出します。はじめてこの音を聞いたときはびっくりしました。ガの幼虫が鳴くなんて知らなかったからです。ウスタビガは7月ごろに木の枝に繭を作り、中で蛹になります。冬にあれほど目立った繭も、木の葉の中ではとてもよい保護色になっています。

フユシャク

冬にガを見つけて驚いたことはありませんか。フユシャクと呼ばれるガの仲間は、他の昆虫が活動しない冬にだけ成虫が現われるという変わった暮らしをしています。

冬の比較的暖かな日に、日が暮れた雑木林の中を懐中電灯で照らせば、たいてい何匹かの小さなガがひらひらと飛んでいるのを見ることができます。そのガがフユシャクです。

フユシャクの仲間は日本では36種類が知られています。おもしろいことに、林の中を飛び回っているのはすべてオスです。フユシャクの仲間のメスは飛ぶことができません。翅が退化して、小さかったり、ほとんどなかったりするからです。

メスは羽化するとフェロモンという匂いを出してオスを呼びます。オスは枯れ葉の下から羽化してきたメスの匂いをたよりに見つけて交尾するのです。メスの翅が退化してしまったのは、寒い冬は体の表面積が小さいほど体温を保つのに有利だからといわれています。卵を産んで次の世代を残すのには無用な翅を退化させてしまったと考えられています。

ナミスジフユシャクの交尾。フユシャクの中ではメスの翅は長い方です。

チャイロフユエダシャクの産卵。総称のフユシャクにはフユエダシャクやフユナミシャクも含めてよいでしょう。

Column ⑫ 白バックの昆虫写真の撮り方

SUVの車の荷室を簡易スタジオにした例。フラッシュはコマンダーモードで使うのが便利です。

室内での白バック撮影システムの例。600球のLEDライトを2灯使用。手前から小型フラッシュや小型LEDライトを併用することもあります。

昆虫を白バックで撮るには、フラッシュやLEDライトの光を拡散させ、強い影を作らないようにする、ディフューズBOXを使うと綺麗な写真が撮れます。さまざまな商品が売られていますので、好みのものを選ぶとよいと思います。昆虫写真はもちろん、そのほか小物の無影撮影には必須のものです。

ぼくが使っているのはHAKUBA撮影ボックスという商品で、折りたたむと小さくなるので、どこにでも持っていきます。大きさは一片30センチメートルから75センチメートルまでありますが、45センチメートルのものを使用しています。室内では大型のLEDライトを2灯使って、野外では三脚にストロボを付け真上からリモートで照射しています。

車の荷室をスタジオにしたシステムでは、

車の簡易スタジオシステムで実際に撮影したマレーシアのバッタの仲間。

ビワハゴロモの仲間

ヒシムネカレハカマキリ

最近はLEDライトを使い、カメラ手持ちで、カメラ内深度合成モードで撮影しています。

2014年当時はニコンのD7100を使い、SB910という大きなフラッシュを三脚に付けていました。D7100の内蔵ストロボをコマンダーモードで使っていましたが、内蔵ストロボは、リモートの目的以外にキャッチ的に光を入れるので光量を絞って1／64光量ぐらいで使うことが多かったです。

車の簡易スタジオは、車のリアゲートを上げて、そこにこのシステムを置き、見つけた昆虫をその場で撮るのです。現在は深度合成を使うので、カメラ内深度合成のあるオリンパスOM-D E-M1 Mark IIを使います。深度合成ではフラッシュの光に昆虫が驚いて動くこともあるので、ほぼLEDライトでの撮影です。最新の機材を使えば0・5秒間昆虫が動かなければ、手持ちでも撮影が可能です。

クモガタガガンボ

12月に入ると、活動する昆虫はますます少なくなります。それでもまだこれからがシーズンという変わった昆虫も少しはいます。

長野県の小諸で、雪の上を歩いていたクモガタガガンボという不思議な昆虫を見つけました。雪の上を元気に歩き回る姿はとてもよく目立ちます。ガガンボといえばカに近い形の昆虫ですが、このクモガタガガンボには翅もなく、一見しただけではとてもガガンボの仲間だとは思えません。クモガタガガンボもフユシャクのメスと同じように翅がありません。2月ごろに雪の上で見かけるセッケイカワゲラなどの仲間にも翅がないものが多いのです。コナラの冬芽にとまっている翅のない小さなハチを見つけました。ナライガタマバチです。

キチョウやキタテハ、ルリタテハなどは成虫で冬を越します。チョウの越冬を見つけると、ずっと記録しているのですが、キチョウの場合は見つけたもののほとんどが冬越しに失敗してしまいます。キチョウにとっては小諸の冬は厳しすぎるようです。ずいぶん前の11月にルリタテハの越冬を

冬にだけ出るクモガタガガンボは、翅を持たないけれどガガンボの仲間です。

見つけました。楽しみに観察していたのですが、真冬のある日に雪の上に落ちた翅を見つけました。気候だけでなく天敵の鳥に襲われることもあるので、冬を越す昆虫は大変です。

東京や南関東では冬でもそんなに気温が下がらないので、冬でも昆虫観察が楽しめます。クロスジホソサジヨコバイは体長が5ミリメートルほどの小さなヨコバイです。ヨコバイはセミに近い仲間で、横歩きすることからヨコバイと呼ばれます。昔は、この虫は九州など暖かな場所にしかいないことになっていたのですが、最近は東京都心の公園でも秋になるとどこからともなく現われます。温暖化の影響なのでしょうか。

公園に多いヤツデの葉の裏をめくってみましょう。もしかしたらおもしろい形のこの昆虫を見つけられるかもしれません。冬の間はずっとヤツデの葉裏で過ごすようで、10月から12月中旬ごろまでは成虫だけが、1月から2月には幼虫と成虫が

コナラの冬芽に産卵するナライガタマバチ。初夏にコナラに大きな虫こぶができます。

両方見つかります。多分、11月から12月に卵を産むのだと思います。3月ごろまで見られますが、暖かくなるとどこへ行くのか姿を消してしまいます。夏の間、どこでどうしているのかは、わかっていないのではないかと思います。

このヨコバイには翅の後の端に黒い目玉のような模様があるので、頭とお尻が逆さに見えます。それでこの虫をマエムキダマシと呼ぶ人もいます。昆虫の名前は学名といってラテン語の名前が正式な名です。クロスジホソサジヨコバイは「Sophonia orientalis」です。

和名は日本名で、昔から使われてきた名前が一般的に使われます。けれど、名前が途中で変わることもあります。たとえばエゾスジグロチョウと以前は同じ種にされていた本州のエゾシロチョウは、ヤマトスジグロシロチョウと呼ばれるようになりました。多くの人が認めれば、正式和名として使われるようになるのです。

ヤツデの葉裏にいたクロヌジホソサジヨコバイ

おわりに

本書は、昆虫の世界をデジタルカメラでのぞいてみようという趣旨で、撮影から画像の整理、カメラの種類による使い方のポイントを、できる限りわかりやすく書きました。ぼく自身が撮影している場面もたくさん載せて、実際にどのようにしてカメラを構えるかなどもわかるようになっているので、昆虫や自然が好きな写真初心者にわかりやすいのではと思います。

以前、誠文堂新光社から「海野和男の昆虫撮影テクニック 増補改訂版」という本を出しています。ありがたいことにとても評判が良いのですが、二〇一四年の出版なので、いささか古い感じがします。撮影テクニックの基本的な部分は何も変わりませんが、その間にミラーレスカメラが著しく進歩し、昔は考えられなかったような写真が撮れるようにもなりましたので、そのあたりに踏まえて新しく書きました。

今回は単なる技術書にせず、昆虫の観察に重きを置きました。登場するカメラもスマホやコンパクトデジタルカメラなど、身近なカメラの使い方にもページを割きました。もちろん、最新のカメラでの撮影テクニックも入れました。動画の撮り方についても少しですが項目を立てました。

デジタルカメラの性能は年々向上してきました。きちんとピントが合った写真を撮ることを心がければ、その一部を拡大することで、ルーペで観察するよりも昆虫の細かい部分がわかるほどです。撮った写真から昆虫の細部を観察したり、撮った写真を整理して、このチョウはこんな花が好きなんだ、ということを知ったり、ぜひデジタルカメラを使った昆虫観察を楽しんでみて欲しいと思います。

「見《み》つけて」「撮《と》って」「調《しら》べる」

たのしくてスゴイ昆虫《こんちゅう》の世界《せかい》

デジタルカメラで
昆《こん》虫《ちゅう》観《かん》察《さつ》

NDC486

2019年7月12日　発　行

著　者　海野和男《うんのかずお》
発行者　小川雄一
発行所　株式会社 誠文堂新光社
〒113-0033　東京都文京区本郷3-3-11
（編集）電話　03-5805-7761
（販売）電話　03-5800-5780
http://www.seibundo-shinkosha.net/
印刷所　株式会社 大熊整美堂
製本所　和光堂 株式会社

ISBN978-4-416-71901-5

海野和男（うんの・かずお）

1947年、東京で生まれる。昆虫を中心とする自然写真家。もの心ついたころから昆虫の魅力にとりつかれ、少年時代はチョウの採集や観察に明け暮れる。東京農工大学の日高敏隆研究室で昆虫行動学を学ぶ。大学時代に撮影した「スジグロモンシロチョウの交尾拒否行動」の写真が雑誌に掲載され、それを契機にフリーの写真家の道に進む。アジアやアメリカの熱帯雨林地域で昆虫の擬態を長年撮影。1990年から長野県小諸市にアトリエを構え、身近な自然を記録する。1999年2月よりデジタルカメラで撮影した写真にコメントを付けて毎日更新する「小諸日記」を始める。

著書：『昆虫の擬態』（平凡社）は1994年、日本写真協会年度賞受賞。主な著作に『蝶の飛ぶ風景』（平凡社）、『大昆虫記』（データハウス）、『蛾蝶記』（福音館書店）、『自然のだまし絵 昆虫の擬態』（誠文堂新光社）、『海野和男の昆虫撮影テクニック』（誠文堂新光社）、『灯りに集まる昆虫たち』（誠文堂新光社）、『365日出会う大自然 昆虫』（誠文堂新光社）など多数。テレビ・ラジオの番組や講演会などでも活躍中。

日本自然科学写真協会会長、日本写真家協会などの会員。

海野和男写真事務所のホームページ
https://www.goo.ne.jp/green/life/unno/

装丁・デザイン
草薙伸行（Planet Plan Design Works）